引爆消費者需求

八大獲客｜你的市場思維

DETONATE CONSUMER DEMAND

從洞察需求到建立信任，征服消費者的心，
提升企業競爭力

張賓 著

以消費者為中心，用需求帶來業務成長

掌握市場思維 × 洞悉消費者需求，打造長久成功的企業之道
為企業和專業人士量身打造，解決當今市場挑戰的全新策略

目錄

目錄

後記
一心一意等風來，一生一世共事業

Preface

自序

舊地圖發現不了新大陸，老方法解決不了新問題

奧美廣告公司創始人、行銷天才大衛·奧格威（David MacKenzie Ogilvy）曾經說過這樣一句話：We sell or else。最通俗的翻譯是：行銷就是要帶動銷售否則就不是好行銷。但是到了今天這個數位化的時代，比「銷售」更有時代性的一個詞是「獲客」。

因為在今天，銷售並不意味著行銷的結果，甚至可以說銷售只是你和消費者建立關係的開始。一次成功的銷售轉化，意味著你「獲得」了一個新消費者，然而如何讓這個消費者產生二次、三次購買，在今後只要使用同樣的產品或服務時能夠第一時間想到你，也就是我們常說的透過消費者的忠誠度來持續獲得消費者口碑，最終透過持續、持久的消費者動力來幫助你的門市或企業獲得更多的客人，這才是現今時代零售的本質。

顯然，要做到這一點，僅僅依靠從前的文案策略已經遠遠不夠了。今天，商業市場中的競爭，被人們稱之為「商戰」。而零售戰就是一場洞察消費者需求、服務消費者的「攻堅戰」。

縱觀人的一生，我們所追求的成功結果大致可以分為四個層次：事業有成、家庭幸福、財富自由、身體健康。

但在現實中你會發現這個世界上一些人，事業一事無成，家庭也不幸福，財富一輩子都沒有達到自己期望，最後身體還累垮了，忙碌一輩子也沒有得到好的結果。

那麼，影響人生結果的關鍵因素到底是什麼？帶著這個問題，我開啟了一場探索之旅。

實相

為什麼你最初是為了賺錢，最後卻賠了錢？一定是你做錯了什麼！

為什麼你最初是為了幸福，最後結果卻變得不幸？一定是你做錯了什麼！

所以，影響人生結果的關鍵因素是行為。佛家講因果，一定是你的行為影響了你的結果。所以我們要常常反求諸己，而不是執著於結果。

在行為中，人的行為主要分為兩種：

第一種，是策略級行為 —— 選擇；第二種，是戰術級行為 —— 努力。

普通人之所以普通，是因為普通人一輩子都在戰術上勤奮努力，卻很少審視自己的策略級行為 —— 他並不知道自己的選擇很可能從一開始便是錯的。

可見，很多人過得不幸福，追根究柢是選擇出了問題，也就是你的策略出了問題。

生活如此，事業也一樣。今天你的事業之所以如此被動，原因通常有兩個：第一，錢花錯了地方；第二，用錯了人。要不就是用錯員工，要不就是找錯了合作夥伴，要不就是信錯了人。所以事業成功的關鍵也是來自策略級的選擇。

那麼，是什麼影響了我們的行為呢？為什麼你會做出錯誤的選擇？為什麼你會走錯路？

因為你的思維決定了你的行為。面對同樣一件事，不同的人思考的

方式不同，有的人看到了機會，有的人看到了危險。所以他們的選擇不同，行為也就不一樣。

那又是什麼影響了你的思維？

是認知——認是認識，知是知道，認識是深度，知道是廣度，你的思維要有廣度，知道自己不知道的事。

例如，成大事，必三知：知事、知人、知己。

知事——一眼洞察事物本質，能夠準確把握方向和時機，做出正確判斷和選擇！

知人——洞悉人性，洞悉消費者和團隊需求，懂得如何滿足人們的需求！

知己——知道自己的優勢和劣勢，知道自己的長處和不足，知道自己想要什麼，知道自己能做什麼、不能做什麼！

如果這些事你都不知道，那麼也很難成功。

我們常說，讀萬卷書、行萬里路，前者是認知，後者是實踐。可為什麼很多人在讀了很多書，走了很多路以後，依然沒有提升自己的認知呢？因為每個人接受新事物的能力是不同的，很可能他的悟性太差。因此，這時就需要高人指點。所以成功的人生離不開三個要素：第一，讀書——知道你不知道的事；第二，行路——見到你未曾見過的世界；第三，指路——有師者指引，為你破雲開霧。總體來說，這三種方式會構成我們的終極認知。

因此，這就需要我們不斷學習，只有改變才能帶來改變——從改變你的認知開始，用認知使你的思維變得完善，用良好的思維去改善你的行為，讓正向的行為帶來好的結果。

▋緣起

曾有一名學員問我：「張總，你不是要帶領我們獲客打勝仗嗎？講這麼多思維、行為有什麼用？」

其實，在每次開課之前，我都會先把這套邏輯講清楚。因為我發現，很多人總是盲目地選擇、草率地開始。學習完之後都不知道自己究竟學到了什麼，為什麼而學，如何學以致用。我常對身邊的夥伴們說，「我們可以贏，我們可以輸，但我們一定不能死不瞑目；我們可以賺，我們可以賠，但我們絕不能糊里糊塗」。

那我們到底要學什麼呢？

我這個課程的起源來自於一位品牌的創辦人，他的傳說在網路江湖上屢見不鮮。據我了解，他是一個道地的資優生。他畢業之後，進入了知名的軟體公司，在那個年代，他的 IT 技術算是大神級的。後來他成為了那間公司的總經理，可謂年少得志，他的身價很快就水漲船高。後來軟體公司在股市上市，同時也進入了各家網路公司迅速竄起的時代。這反而讓他陷入了迷茫，他著重在思考幾個問題：

第一，為什麼我這麼勤奮，結果反而被後來者趕上甚至超越？

第二，為什麼我起步得這麼早，卻沒有這幾個人做得好？

第三，為什麼我的能力和才華不遜於他們，事業卻做得不如他們？

緊接著，這個企業創辦人用了四年的時間，終於找到了答案──他發現接下來即將進入行動網路的快速發展期，那麼手機必然是一個關鍵。

所以從那之後不久開始，我的人生也進入了一個新的狀態 —— 找風。

我找到的第一個風口是電商，當時投資了幾百萬，結果最後還是沒能活下來。後來，我明白了我沒有理解那位創辦人所想表達的話的第二層意思。第一句話是找風，第二句話是要練飛，我只找到了風，沒有掌握飛的本領同樣要失敗。歸結為一句話就是 —— 勢大於人，道大於術。勢是趨勢，道是策略，合起來才是一套能夠在競爭激烈的江湖裡笑到最後的武功。

為了驗證這個答案，我深入調查了很多行業，例如飲料業、肉品業，探索了這些產業中的龍頭品牌的成功關鍵。

對以上問題的探索便是我課程的緣起。

悟道

從 2013 年開始，當我親眼看到了這麼多的真實案例，最後我得出了打勝仗的第一要素 —— 武功。

過去我們都是認為資源比武功更重要。很多人覺得知名企業之所以成功，是因為有錢、有人、有資源。如果我們認為他們的成功是靠資源，那恐怕我們這輩子都成功不了。因為我們這一輩子都不可能有他們那樣強大的資源。

可是仔細思考一下，與我們普通人相比，那些知名企業的確有資源。但是在他們發展初期，比他們更有資源、背景的企業比比皆是。

所以，最後我得出了一個結論 —— 武功大於資源。

　　為什麼資本願意為你投資？是因為你武功高強能打贏對手，他才會投資，資源是武功的疊加。如果你沒有武功，就沒有好的謀略和方法。那麼，給你再多的資源也沒用，給你再多的錢你都花不到合適的地方。

　　在 2020 年疫情期間，我再次覆盤了這套邏輯，並終於確定了這個課程的核心 ── 武功第一，資源第二。當然，我不是說資源不重要，只是說排在第二位，正所謂「物有本末，事有終始，知所先後，未之有也」。在這個基礎上，我回過頭去研究那些企業成功的祕密：他們除了站對風口，無一例外地還有一套在商海中打遍天下無敵手的絕世武功。

　　洞察到真相後，我開始應用於實踐，並於 2021 年四月創辦了我的視力保健機構。當時，這個賽道的現況是：第一，市場上有遍布全國的眼鏡店，且大多以在地深耕多年；第二，著名的連鎖眼科市值已高達上億；第三，傳統視力保健遍布各縣市。

　　在這樣的情況下，我們從 2021 年 4 月開始，只用了一年的時間，開設了 700 家專賣店；此外，我們的區域合作夥伴至今已超過了千位，創造了行業奇蹟；同時，一家創投機構已對我們的企業初步作出上億元的估值。

　　這就是我們透過實踐驗證的這套方法，若非親身經歷，我自己也覺得不可思議。原來，當你建立了全新的認知後，你的思維、行為也完全不同了。

　　在很多年前，曾有人問松下幸之助：「松下電器的主要營運業務是什麼？」松下幸之助的答案是，松下主要業務是「育人」，順便賣點電器。我當時非常認同「經營之神」的這一理念。後來，我創辦我的企業，本質也是一樣的：主要為育人，順便幫助孩子們做一點事情。要想要做好這些事情，提升我的企業在各個區域經銷商的經營能力、管理水準，改善商業思維和商業認知，對我來說就是最重要的事。因為再大、再美好的事業也是人來實現的 ── 這個世界上沒有做不成的事，只有做不成事的人。人

對了，事就對；你的思維對了，行為就對了；行為對了，結果就對了。

　　然而，我看到今日還有太多的中小微企業在苦海中掙扎，他們急需改變現狀，但往往是學了各類課程、參加了各種論壇、想盡了各種辦法，依然難以改變現狀。因此，當我掌握了這套方法後，我希望能夠透過本書將我的經驗分享給更多有需要的企業家，幫助更多的企業走向成功、走向輝煌。

　　基於這個邏輯和初衷，我將已有上萬人學習過的新零售課程進一步改善，提出了我們在商場中成功、打勝仗、洞察消費者需求的八個關鍵，並以對應的八部來解決這八大問題。在書中共分為三大篇章，我們從思維更新開始，先掌握三大獲客思維（商戰思維、消費者思維、先勝思維），才能進一步地實踐思維，帶著八個問題，讀懂消費者，進而用思維指導行為，服務消費者。

　　遵循這條線索，我們將八問應用於實踐時，就可以先搞定消費者，再拓展通路，最後強化平臺。

　　在這本書中，沒有晦澀艱深的理論思辨，也沒有教條式的理論灌輸，有的只是我對從業近二十年來遇見的一些人、一些事例以及品牌故事的分享。

　　要說它跟別人都不同的地方，則源於我從小喜愛讀《孫子兵法》，我始終認為，這是一部集結了謀略智慧和競爭策略的集大成之作，是古人從生與死、血與火的較量中，真實總結出來的取勝之法。商場如戰場，如果我們能借鏡一點兵家的鬥爭智慧應用到商場上，或許更能「執奇正之變，獲效益之勝」。雖法有定論，兵無常形。但流水不爭先，爭的是滔滔不絕。善終比善始重要 100 倍！無論是做事業還是做小本生意，都離不開消費者，堅持長期主義，贏得人心才是商道的終極追求。

　　我相信，從 2021 到 2022，從 2022 到 2032，未來我和我的夥伴們還

有很多年的路要走，而我能做的就是一路攜手，大家共創好未來。

我相信，只要我們眼裡有山河萬里，又何懼幾分秋涼。道阻且長，行則將至；行而不輟，未來可期！

我相信，歲月帶傷，亦有光芒。努力奔跑，我們終會發光！

■ 獲客心法模型圖

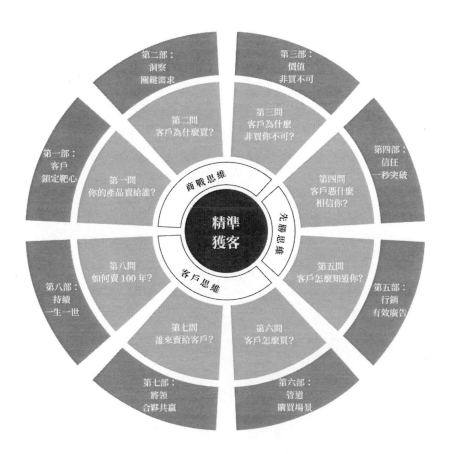

PART1

獲客思維：以消費者為中心，用需求來驅動

　　零售戰場風起雲湧，人人都想服務天下消費者。然而，能夠戰勝品牌的，一定不是另一個品牌；能夠留住消費者的，一定不是從前的思維。

　　過去人們做生意、做專案，因為不懂得謀算，成功時糊裡糊塗，失敗了也不知道原因，而那些靠運氣賺來的錢最終也會虧掉。這和上戰場打仗一樣，零售戰場，上兵伐謀，先勝後戰。

　　你可能會說，你這套是屬於強者的兵法，那在現實中的弱者怎麼可能有壓倒性的優勢呢？一個創業者如何能立於不敗之地呢？這樣理解就有失偏頗了。這並不是強者的兵法，而是所有人的兵法。強者的優勢也只是區域性的，只不過他們懂得集中優勢兵力打殲滅戰。而創業者如果什麼都沒有搞懂就一股腦衝上去，那肯定會失敗。正因如此，想要成功獲客，就要先弄清楚其中的底層邏輯，我們要從更新思維開始。

　　第一，從商業思維到商戰思維；第二，從資源思維到消費者思維；第三，從先戰思維到先勝思維。

　　有了好的思維，再有好的行為，自然會有好的結果。這三大思維是我們洞察消費者需求、成功獲客的關鍵思想，後面我們就是用這三大思維來指導我們的行為。

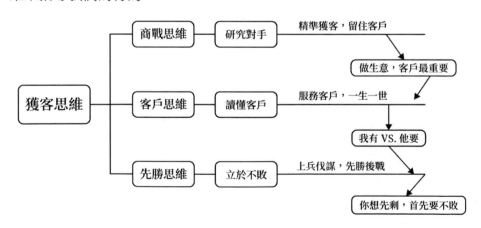

掌握三大獲客思維，服務消費者始於洞察消費者需求

　　獲客，即獲得客戶，聽起來並不難理解，難的是我們應該用什麼樣的思維來達到這一目標。我們以某 3C 大廠為例，透過多年對消費者的洞察研究，總結出了該廠的三大獲客思維。

　　第一，3C 大廠的商戰思維。

　　回看他創造的商業奇蹟：

　　一個看似不懂手機的公司，卻用手機產品顛覆了整個行業的格局；一個起初沒錢打廣告，後來卻做到了大家都熟知的品牌；一個成立沒有很多年的企業，成為世界 500 強……

　　再來看他的生態鏈，無論是做手機還是其他產品，都同樣運用了三大思維的邏輯。

　　在這家大廠進入延長線行業之前，市場上傳統的延長線外觀比較死板，安全性也不高。即便不是一潭死水，卻沒有一條鯰魚去攪動這個行業。

　　那這間大廠是怎麼做的呢？

　　他採用純銅材料製作延長線，外觀整體布局十分簡潔，再次讓消費者感受到了每一根線、每一個配件，甚至每一個螺絲的設計都兼顧到了消費者的體驗。

　　他看似重新定義了一個非常普通又非常傳統的行業，但它卻在無形中拉攏了大量消費者，搶奪了市場。

手機也是這樣，在他們剛進入手機市場時，身後要不是蘋果，不然就是仿冒機，中間缺乏一個高性價比段位的領導品牌。

他的手機當時可以做到和各大品牌基本上同樣的配置，但那些品牌動輒四五千塊錢的價位，他可以賣得更便宜。這家廠商只不過是把傳統行業中曾經被人們習以為常的事物進行「升維思維」，然後對競爭對手進行「降維打擊」。

第二，他的消費者思維。

一些廠商的倒閉並不是因為競爭品牌的出現，而是被消費者無情地拋棄。相反，這家廠商之所以能夠在群雄逐鹿甚至蘋果一家獨大的競爭中脫穎而出，則是因為獲得了消費者的擁戴 —— 他不是「我有」思維，而是「他要」思維，他能活下來也是源於把消費者思維徹底理解了。

這家公司的老闆曾經在社群平臺上轉發了一篇關於自己做手機的初衷的媒體專訪，他表示自己在創立品牌以前就是手機發燒友，他用過的手機支數十分驚人，他所說的「用」是把自己當作消費者認真地去使用，不只是買來玩一玩。

也正是因為這位老闆在使用過這麼多部手機後，身為消費者他都覺得體驗不是很好，不能令自己滿意，於是他才決定做手機。他說：我想找一個我自己喜歡做，也能做，自己覺得比較大的事情，所以我選擇做手機。

那麼，問題來了：消費者究竟需要什麼樣的手機？

其實，他試用這麼多手機的過程，也是研究消費者的過程，關於這個問題，沒有人比他這位超級消費者更有發言權。後來他的手機銷售額突破了千億。

第三，他的先勝思維。

歸結起來，這位老闆在創辦企業之前，早已把一切都想清楚，沒有了思維的弱點，才能高速奔跑，這是典型的先勝思維。他並不是先急於將手機做出來再想辦法賣給消費者，而是花了大把的時間去研究對手、研究消費者的需求，深度了解消費者的需求和痛點，也了解對手的弱點，把這些問題全部想清楚後，幫消費者做出真正高性價比的手機。

創業維艱，抬頭看路，才是我們駛向遠方最有力的槳！

從商業思維到商戰思維：精準獲客，留住消費者

任何一個行業剛開始都是群雄逐鹿，打到最後就只剩下幾個了。正如過去企業在一個行業裡打江山，剛開始市場一片空白，只要你敢打、敢做，只要你有一點做市場的基本功就有很大機會突圍。然而，今天的商業已經進入了一個全新的領域，叫存量爭奪戰，各行各業的市場已經趨於飽和與同質化。在這樣的時代背景下，無論企業或個人，如果你想生存，就要從傳統的商業思維過渡到 4.0 時代的商戰思維。

◎未來商業的核心思維 ── 精準獲客，留住消費者

綜觀現代商業歷史，我認為主要經歷了四次的迭代發展，如圖 1-1 所示：

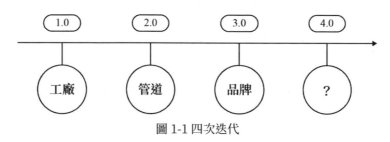

做生意，什麼最重要？

圖 1-1 四次迭代

第一，1.0 時代 —— 工廠最重要

在商業發展初期做生意，工廠最重要。

當現代企業制度開始建立，為各大民間企業提供了發展的道路。在生產物資不足的時期，只要企業能把東西做出來就會大賣。

第二，2.0 時代 —— 通路最重要

隨著企業生產的產品越來越多，開始出現「產能過剩」的現象，這是一件很可怕的事。因為在市場供過於求的情況下，不管是什麼產品，企業都會急於出手，反正對消費者而言「你不賣有人賣，你不做有人做」。所以，在這個階段大批工廠開始倒閉，尤其是那些粗放式的生產方式逐一被淘汰。

可以說，在這個階段是誰有工廠誰頭痛。許多企業家開始意識到，不僅要有產品，還要有通路。Red Bull 一年做出驚人的業績，是因為有極多的終端通路，同樣，微商、電商的興起也是因為重構了通路。

第三，3.0 時代 —— 品牌最重要

有了通路之後，超市裡琳瑯滿目的產品最後也透過電商遍布全國，但漸漸地，許多企業發現：為什麼消費者不買？因為到了 3.0 時代，比通路更重要的是品牌。

　　道理很簡單，那麼多品牌的礦泉水，為什麼有人只認同特定品牌？相反，有些品牌投入了大筆資金，把通路、廣告鋪滿全國，最後卻鍛羽而歸。原因就在於那個時空背景下，飲用水市場有著屹立不搖的那幾大經典品牌。

　　可見，就算企業有錢、有通路，品牌的形成也需要一個過程。

　　第四，4.0 時代 —— 消費者最重要

　　到了現如今的 4.0 時代，越來越多的人發現，有了工廠、通路、品牌，但是業績依然在下滑。

　　具體來看，前面篇幅所提到的 3C 大廠在創業時面對的競爭對手不計其數。當年的手機都在終端通訊行販售，剛起步的企業一沒有品牌，二沒有通路，三沒有工廠，但為什麼最後他可以贏過一眾競爭對手？

　　同樣，我的企業在 2021 年創辦的時候，面臨的競爭企業是遍地開花的眼鏡店，其中甚至有國際大廠蔡司，還有具有權威性的眼科醫院。在這種情況下，沒有通路和品牌的我們在 4 個月時間，開了上百家門市，並且持續增長中。

　　這些企業是怎麼做到的？在沒有強大的實力和雄厚的背景下，他們是如何闖出一片天地的？

傳統商業架構

圖 1-2 傳統商業架構

這些問題背後的商業邏輯和核心理論是：大多數人還在用傳統的商業思維，即製造業的思維做生意。（詳見圖 1-2）而當下商業 4.0 時代的思維邏輯，其核心是 —— 精準獲客並留住消費者。先搞定消費者，再拓展通路，最後強化平臺。（詳見圖 1-3）

新商業架構

圖 1-3 新商業架構

其一，今天的企業不好做，本質是搞不定消費者。一個人最可怕的思維習慣就是故步自封、閉門造車，做產品也是一樣。產品好不好你說的不算，好產品是消費者說的算，好產品自身會與消費者對話。然而，在現實中仍有很多人沉迷在自己的產品、專利技術中「自嗨」，所以我們發現，許多人僅僅是因為有了一個自認為的好專案、好產品、好技術就開始了創業。有這樣創業思維的人，結果基本可以用三個字概況：贏不了。

其二，現在做生意消費者最重要。一些傳統的手機廠倒閉並不是因為蘋果的出現，而是被消費者無情地拋棄；當消費者更認可電動車時，燃油車再強大也沒用。儘管特斯拉有諸多負面新聞，然而特斯拉卻依然能在一個月內銷售 5 萬臺，其市值更是高達 1 兆美金。

隨著商業的發展，今天的市場已經非常成熟和理智，上述 4.0 時代的成功企業代表就是掌握了搞定消費者的核心密碼，才獲得了從零開始並走向「一」的能力，接著透過拓展通路又獲得了從一到百的能力，這

也是為什麼現在有些人單店做得特別好，但就是做不了連鎖店；為什麼有的人能創業，但就是帶不起團隊。所以，接下來只要你懂得拓展通路的邏輯，你就可以線上下打造千城萬店，做團隊就可以打造千軍萬馬，最後再強化平臺並思考如何做百年企業。

經營企業如同帶兵打仗，商戰永不停歇，有企業的地方，就有江湖。與其一味地感嘆這些商業奇蹟，不如找出背後有章可循的商業邏輯與商戰策略。這樣企業才能在瞬息萬變的大環境下，立於不敗之地！

從資源思維到消費者思維：
服務消費者，一生一世

當我們留住消費者之後，接下來要想辦法服務消費者並長久持續，否則就算你做得再好，最後也會被消費者無情地拋棄。由此，我們必須要繼續更新思維，服務消費者的核心是要從「我有」轉變為「他要」。

◎以消費者為中心，服務消費者 ── 我有 vs. 他要

讀懂你的消費者、搞定消費者，是促成成交的開始。然而，很多人賣產品銷量差，囤積了大量庫存，看似和別人付出了差不多的努力，但一個月的銷售額還不及人家一天的業績。其實，最根本的問題就是思維出了問題，你以為你的產品堪稱世界奇蹟、宇宙無敵好用，你以為人人都需要你這款產品，你以為自己很了解消費者。很可惜 ── 你以為的只是你以為。如圖 1-4 所示，你眼中的產品可能是這樣的：

圖 1-4 你眼中的產品

消費者眼中的產品很可能是這樣的，如圖 1-5 所示：

圖 1-5 消費者眼中的產品

簡單來說，消費者在決策前，心中充滿了各式各樣的疑問，如果此時你沒有一顆「同理心」換位思考，把思維切換到消費者的角度，去領會消費者的心理、情感、精神和物質上的深層需求，那麼就會導致你沉浸在自己的幻想中，產品僅僅是「你想給」，而不是「他想要」。

我曾參加過一個知名品牌的招商會，與會者共有 200 人，並且全部都是做通路的，品牌方也很大方，包吃包住且全員安排入住五星級飯店。待遇不錯，品牌方老闆在臺上苦口婆心地講了一個半小時，然而結果卻只招到了一個人，另外 199 個人對此次招商無動於衷。會議結束後，該品牌老闆找到我說：「張總，難道我講得不好嗎？為什麼我講半天，臺下一點回饋都沒有？招商結果更是差強人意。」

我回答得很直接：「如今時代變了，市場變了，消費者也變了。您在臺上講了 50 分鐘，也講得很好，可式您都是在講您自己有什麼 —— 我有工廠、我有通路、我有品牌、我有錢、我有資源……您都是在聊自己，關注自己有什麼，但您似乎不關心臺下坐著的人到底想要什麼。既然臺下坐著的人是您招商的目標客戶，那麼，是『您有』比較重要，還是『他要』比較重要？」

這些話聽起來或許有些殘忍，但從商業的角度來分析，根本上來說這就是從來沒有考慮過別人的感受和需求。在家庭中，你總是以自己為思考問題的出發點，沒有考慮過伴侶、父母、孩子的需求。同樣，在商場中，你沒有考慮過消費者的需求 ——「他要」，只是一味地活在「我有」的世界中。通俗地說，你都全然不顧及別人的感受，別人又憑什麼要來買你的產品呢？

在《莊子・秋水》中有一句話叫「子非魚安知魚之樂」，說的也正是這個道理，你的產品可能沒有什麼不好，但那只是你的「獨樂樂」，而不

是消費者真正想要的快樂。所以，我們不僅要有商戰思維，還要有消費者思維。

消費者思維，就是你能跳脫出產品本身，並抽離自己的角色，把同理心轉移到消費者身上，站在消費者的視角去產生同理心，按照消費者的深度需求和行為習慣去設計產品，而不是想當然地按照功能和邏輯去設計產品，也就是從我有思維變成他要思維。

最典型的例子就是輝煌一時的 Nokia，從幾乎人手一部到無人問津，最後黯然退場。早在 2007 年 1 月 9 日，第一代 iPhone 就已問世，而 Nokia 是在 2013 年 9 月 2 日迎來它的「最後一天」。經過多輪艱難談判後，最終 Nokia 宣布將手機業務以 73 億美元的價格賤賣給微軟。

2007 年初，蘋果公司在釋出第一代 iPhone 時，Nokia 也第一時間拿到了 iPhone 的樣品機，Nokia 總裁問的第一個問題是：「iPhone 有我們 Nokia 耐摔嗎？」

沒錯，在很長的一段時間裡，Nokia 都說 iPhone 的防摔效能太差，而 Nokia 不僅能敲核桃，甚至還能擋子彈；不僅如此，Nokia 還說 iPhone 的簡訊排列設計根本很不人性化，可是幾年後幾乎所有手機簡訊的排列方式都和 iPhone 無異；再後來，Nokia 董事長斷言說 iPhone 要想打入市場，首先必須要把品牌知名度轉化成有效的市場占有率。結果，iPhone 活了下來且一直活得很好。

事實證明，Nokia 忘記了一點 —— 消費者買手機不是用來摔的，而是用來使用的，消費者更加注重內心的感受，在這個外貌經濟時代，人們不僅注重效能，更注重外表。然而，Nokia 卻活在「我有」的世界中，對消費者需求的變化採取漠視態度導致它失去了翻盤的機會。所以，消費者思維就是從「我有」到「他要」，這不只是殘酷的現實，更是商業的本質。

商場如戰場，最可怕的不是斷臂求生，而是沒有斷臂求生的思維，最後只能落得全盤皆輸。畢竟，只有活下去才有翻盤的機會。

■ 從先戰思維到先勝思維：上兵伐謀，先勝後戰

請大家回想一下，過去你做生意是先勝還是先戰？

商場如戰場，活下來的機會不多，翻盤的機會就更少，如果你沒有十足的把握最好不要盲目行動。

◎先勝後戰的本質 —— 立於不敗而後求勝

什麼叫先勝後戰？

孫子認為，真正厲害的將領是在戰爭沒有開打之前，已經知道有極大的勝算把握，所以他才會去打 —— 這就叫先勝而後戰。換句話說，在投資一個標的時，必須確定大機率能贏才去投，否則就不要去，這就是先勝思維。而傳統思維則是先戰 —— 投了再說，打了再看能不能打贏，這樣的做法大機率會以潰敗收場。

《孫子兵法》剛好相反，孫子不只是教我們怎樣打勝仗，而是教我們如何不打敗仗，這才是孫子兵法的精髓。因此，先勝後戰的本質是立於不敗而後求勝 —— 你想先勝，首先要不敗，才有資格和本錢去談勝利、想未來。

有很多人好不容易存到 100 萬的積蓄，決定創業，匆匆忙忙在社區樓下開個麵館，一不去看這條街的流量，二不去看這社區周邊三公里內的人群，三不去看這條街都有什麼同類品牌……總之，從門市裝修到門

市開業，從來不考慮消費者是誰？對手是誰？自己的優勢是什麼？劣勢是什麼？什麼都不看就敢創業投資。那麼這樣的創業，成功率有多高呢？也許你會說：「很多人都是這樣創業，糊里糊塗成功的呀？」但是，你不要忘記，過去是增量市場，拚的是膽量，現在是存量市場，拚的是專業。如果沒有必勝的把握，就不要投資，如果不投資，至少 100 萬還在自己的口袋裡，如果盲目投資失敗了，不只是耗損了 100 萬資本，還會讓信心受挫，甚至連累家庭。

然而，悔之晚矣！

我們說商場如戰場。其實，在今天這個不確定性的時代裡，商場甚至比戰場還要殘酷，雖不見硝煙卻危機四伏，明槍暗箭，不進則退。你分分鐘都有可能從行業的金字塔尖跌落至谷底。

所以，在競爭如此激烈的環境中，你如何才能求勝？不敗才能求勝！你怎麼才能賺錢？不虧損才能賺錢！如果說經營企業，賺錢是一種勝利，那麼，不虧損就相當於是不敗，不敗而後求勝！你才能更完美地規劃未來如何賺錢、賺大錢。

那麼，確保不敗之後，怎樣才能知道你能不能先勝呢？

孫子已經替我們回答了這個問題：「夫未戰而廟算勝者，得算多也；未戰而廟算不勝者，得算少也。多算勝，少算不勝……」

也就是說我們在開打之前要做兩件事：

第一，謀；

第二，算。

這也是《孫子兵法》的中心思想 —— 謀定而後動，知其然更要知其所以然，一定不要輕舉妄動。在企業中，所有動作都是成本。當你決定去做一件事時，就要聚焦結果，否則還沒有謀劃好就盲目動作，沒有結

果只會產生源源不斷的成本，如時間成本、人力成本、資金成本等消耗
你的收益。但現實中，我們一葉障目，盲動的時候太多了，這也是導致
我們失敗的重要根源。最後，我們再來回顧一下三大思維：

第一，商戰思維 —— 研究對手；

第二，消費者思維 —— 讀懂消費者；

第三，先勝思維 —— 立於不敗。

以上就是我們的三大獲客思維，了解其中的底層邏輯，有了好的思
維，有了好的行為，自然會有好的結果。這三大思維是我們洞察消費者
需求、成功獲客的核心思想，後面我們就是用這三大思維作為思想指導
來指引我們的行為。

PART2

思維實踐：八個問題，讀懂消費者

很多時候，我們不知道問題在哪就是最大的問題。

當你的思維更新了以後，你只是獲得了從零到一的能力，在真正的實踐中，你還要滿足需求、挖掘價值、拓展通路等等，獲得從一到百的能力。在創業之初，你需要先回答消費者的 8 個問題。

如果你能回答得很好，你再去市場中拚殺也不遲，回答不了的話你最好先按兵不動，否則出去就是死路一條。

《孫子兵法》中強調「故勝兵若以鎰稱銖，敗兵若以銖稱鎰」。

意思是說雙方的差距就像鎰和銖的差距一樣，鎰和銖都是重量單位，20 兩是 1 鎰，24 銖是 1 兩，因此 1 鎰相當於 480 銖，480：1，你怎麼能打得贏鎰呢！

所以，「形」在戰鬥前，「勢」在戰鬥中。在開戰之前，你要有一個大體上的得失計算，看看自己勝算有多大。《孫子兵法》的本質是教你慎戰，如果沒有必勝的把握，就先不要打。所以《孫子兵法》講上兵伐謀，先勝後戰。「先為不可勝，以待敵之可勝」，古代真正善戰的人，都是先規劃自己，使自己成為不可戰勝的，然後再靜待時機，觀察敵人什麼時候可以被戰勝。

正所謂知己知彼。想留住消費者，首先你要讀懂消費者。所以，這一部分的八個問題，也是我們要尋找的打勝仗的答案。

▌洞察關鍵 —— 讀懂消費者的八個問題

《孫子兵法》在開篇就說：「兵者，國之大事，死生之地，存亡之道，不可不察也。故經之以五事，校之以計，而索其情：一曰道，二曰天，三

日地，四日將，五日法。」意思是說，戰爭之前先必須透過敵我雙方五個方面的分析，以及雙方的基本情況和條件的比較來判斷戰爭勝負的情形。

也就是說，根據你對這些問題的回答，孫子就能推算出你的勝和敗 —— 用戰爭的語言叫做沙盤推演。

同理，今天我們想要創業也應該先進行沙盤推演，因為如果你在沙盤上都打不贏，在更加殘酷的現實市場上也一定打不贏。

我將新零售課程進一步改善，總結出了讀懂消費者的八個問題，也就是我們在商場中成功、打勝仗、洞察消費者需求的八個關鍵，並以對應的八步來解決這八大問題。如果你回答不出以下八個問題，代表你沒有深度思考，那麼你戰敗的機率就非常大。

第一問，你的產品賣給誰？

賣產品之前，你找對了你的客戶嗎？這個問題很簡單，但很多人、很多企業到今天都不能準確地說出，你的產品賣給誰？我們恨不得將產品賣給所有人，誰是我們的客戶我們並不清楚，往往在不是目標客戶的人身上，浪費太多精力、時間、資源，反而錯過了那些真正有需求的客戶。

因此，你是想賣給女人還是男人、老人還是孩子、底層還是高階客戶 —— 如果你連這些最基本的問題都想不清楚，表示你根本就不重視，你找到的目標客戶也不可能精準。

第二問，消費者為什麼買？

如果你想清楚了第一個問題，順利找到了目標客戶，那麼，他們為什麼一定會買這個產品呢？這個問題是基於品類的思考，可以總結為一個問題 —— 這個行業為什麼要存在？如果你沒有基於品類和行業的思考，只顧著「自嗨」，對消費者的需求也就不會了解。如果你發現不了別人發現不了的需求，怎麼才能創造出別人創造不出的產品呢？那些市場

上知名的品牌企業為什麼會誕生？本質是這些企業主發現了別人發現不了的需求，看到了別人看不到的痛點！這就是認知落差，人和人、企業與企業的第一差距，就是認知差距！

第三問，消費者為什麼非買你的不可？

當你深刻洞察了行業，捕捉到了消費者的需求，接下來你還要捫心自問，市場上好產品琳瑯滿目，消費者為什麼非買你的不可呢？你的產品競爭力是什麼，如何能打動消費者購買？如果你沒有思考過這個問題，那如何十年磨一劍，打造你的產品賣點，打造你企業的核心競爭力？沒有核心競爭力，又如何服務消費者的心呢？

第四問，消費者憑什麼相信你？

你終於做出了一款具有競爭力的產品，但會不會只是「你以為」的呢？消費者憑什麼相信你呢？

飲料品牌說，「消暑就喝某某牌」，消費者可能會質疑：「我憑什麼相信你？」

沃爾瑪說：「天天低價」，消費者會說：「無商不奸，都是廣告！」

所以，如果說賣點是產品的價值，那麼你一定要想一想，客戶憑什麼相信你！

第五問，消費者怎麼知道你？

消費者永遠不會買自己不知道的東西。而你如果不想辦法讓消費者知道你、了解你，那麼你的產品再好，恐怕消費者也永遠不會與你產生連結。這也是為什麼很多品牌在還沒有被消費者知曉的時候，就被淹沒在時代的洪流中了。

因此，如何建構企業的行銷體系，讓更多人知道你，是每一家企業的必修課。

第六問，消費者怎麼買？

我們常常抱怨「消費者都去哪了？」殊不知，很多有購買意願的消費者都很難在第一時間找到你。

當消費者知道你，對你產生興趣以後，就會產生購買的衝動。那麼，你的銷售通路在哪裡？線上、線下還是網路直播？消費者在哪裡買更方便呢？當消費者想買你的產品的時候，能不能很容易找到你呢？

第七問，誰來賣給消費者？

你好不容易研發出了一個絕世好產品，但是沒有人幫你賣，你也很難一個人把品牌推向整個市場，因此，你的通路如何建立？你的團隊如何組織？你是自己賣還是合作夥伴賣？

第八問，如何賣 100 年？

當你弄懂了上面七個問題之後，現在還有最後一個問題，我們花了這麼多精力、心血，打造的商業體系，如果只能做幾年，那不是非常可惜嗎？

因此我們還要問最後一個問題：我的企業如何做到 100 年？如何能夠傳承百年？就像有的人在創業之初，就定下要做超過百年的遠大目標！

很多人說做不到呀，但能不能做到是一回事，知道不知道是另一回事。

如果你連想都沒有想過這個問題，那麼你短淺目光思維難免會讓你在危機到來時錯誤百出。

以上八個問題，環環相扣，缺一不可。如果你能夠完整回答這八個問題，才是精準獲客、有效成交的開始。

有人說，過去自己沒有想清楚也能打勝仗，那是因為過去是增量市

場，很多人糊里糊塗就把錢賺了，而現在是存量市場，你再試試如果還是從前那般糊里糊塗還能打勝仗嗎？

說到底，思維決定行為，當我們把思維更新、格局開啟後，必須先實踐思維，才能在後面的實踐中「因時而變，因勢而動」。沒有好的思維模式，就沒有市場的勝局。

接下來，就讓我們逐一拆解，分別詳細闡述這八個問題，在問題中深度思考，同時看看別人是怎麼做的，並進一步謀算如何行動來回答這八個問題。總之，用思想的改變和能力的蛻變來迎戰新巔峰，才能讓企業逆勢崛起，絕地翻盤！

▌第一問　你的產品賣給誰？

任何一家企業想要成功，首先必須要有精準的目標客戶。如果你在戰場上第一槍就開錯了，那麼後面就全錯了，而每一槍射出去的子彈都成了浪費資源。

為什麼特斯拉如此強大，依然有其他品牌的電動車能夠把市場做起來？

我的視力保健品牌究竟賣給誰？我們為什麼不賣給所有人，而是專門賣給 6 ～ 18 歲孩子的家長？

很多人在出發之前都沒有把這個問題想清楚，認為自己的產品可以賣給全世界的人。

　　那麼問題來了：你怎麼把每一個產品都做到極致？你如何為每個人都提供最有價值的產品和服務？當不同族群的戰場完全不一樣時，你的戰場如何確定？一旦你每個戰場都想贏，誰都想征服，你的兵要怎麼調度？

　　如果只是用你有限的資源去到處撒網，這場仗你能打贏嗎？……如果你連產品賣給誰都不知道，你也不可能精準地找到你的消費者！

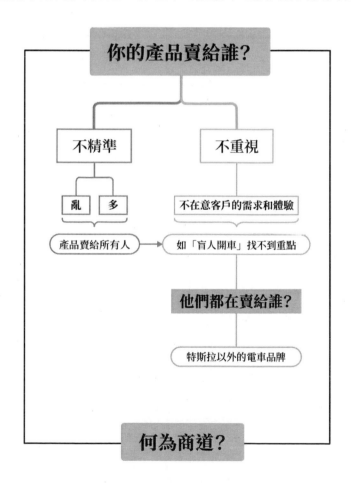

【現狀】不精準 VS 不重視

如果我們把市場比喻為戰場，那麼，你在出發準備打仗之前必須確認一個問題：你的產品賣給誰，也就是一定要釐清你的目標客戶是誰。然而，當今企業一大現狀卻是不精準和不重視。

◎當今企業現狀 —— 對待消費者不精準、不重視

首先，不精準具體表現為以下兩點：

第一，亂 —— 什麼客戶都去見，什麼人都接待，誰的錢都想賺。

第二，多 —— 客戶多多益善，殊不知，消費者族群不同，需求也不盡相同。

其次，大部分企業的老闆並不重視消費者，每天都在做管理，設計流程，唯獨不深入市場去見見消費者，並且他們自己往往沒有意識到，企業已經脫離消費者已久。

大概在一年多以前，我自己的事業剛啟動的時候，很多人問我：「我們既然是做近視防治，為什麼不叫視力服務中心呢？這樣一來我們既可以做青少年近視防治，還可以針對老花、弱視、青光眼甚至飛蚊症等展開多角化業務，男人、女人、老人、孩子，不管誰來了都是我們的客戶，我們還能多賺錢，多好啊！」

我想，不只是發問的這位朋友，很多人都巴不得全天下的人都是自己的客戶，而我的回答是：「難道你沒聽過一句話嗎？—— 多則惑，少則得。」

當男人、女人、老人、孩子，所有人都成為你的客戶時，不同類型的人有不同的需求，那麼，你如何解決以下問題：

你怎麼把每一個產品都做到極致？

你如何為每個人都提供最有價值的產品和服務？

當四類族群的戰場完全不一樣時，你的戰場如何確定？

一旦你每個戰場都想贏，誰都想征服，你的兵怎麼分派？

如果只是用你有限的資源去到處撒網，這場仗你能打贏嗎？

說給男人聽的話，女人聽不懂；說給聽女人的話，男人不喜歡，你的廣告怎麼做？

廣告都做不成，你的每一筆錢打算怎麼花，商業模式怎麼做⋯⋯

很顯然，當你的目標不精準時，資源配置等一系列環節就會出現問題，你的產品就會做得不入流。此時，你的消費者再多也無濟於事，因為他們根本不會買你的帳，而你則進入了盲人開車的狀態，想到頭痛卻依然看不清前方的路。

多年以前，我在一家生產洗衣粉的企業做過總經理。令我印象深刻的是，我初次去該企業的工廠參觀時，我根本無法想像這是一家洗衣粉製造商，且不評論其他方面，就說洗衣粉的規格，除了有 75 克的小包裝，還有 125 克、300 克、500 克、750 克、1000 克、3000 克等十幾種規格。我問研發人員，為什麼要設計這麼多規格，對方回答：「有的消費者喜歡大桶的，有的消費者喜歡小包裝，有的消費者喜歡多的，有的消費者喜歡少的。」

乍聽之下似乎還挺為消費者著想，但他們沒有意識到自己最大的問題，如果這家企業只這一種產品就有十幾種規格，後果將不堪設想。當我推開企業倉庫的大門，果然驗證了我的想法。企業的倉庫並不大，但裡面卻有堆積如山的材料和包裝箱，如果一個規格一種包裝，那麼一家企業每一個批次不可能只做一個，可如果每種規格的包裝都大批量生產。試想，一個小小的倉庫就已被堆積如山的包裝鋪滿，最後很可能貪

他一斗米，失卻半年糧，哪個都賣不好。一旦賣不好，便可能面臨全部虧損的風險。有太多人在過去三十年甚至今天的商業市場上犯下過如此巨大的錯誤。

一代股神華倫‧巴菲特（Warren Buffett）說：「如果你不清楚界限在哪裡，就不能算是擁有一種能力，如果你不知道你的能力圈在哪裡，你就會身陷於災難之中，如果你知道了能力圈的邊界所在，你將比那些能力圈雖然比你大 5 倍卻不知道邊界所在的人，要富有得多。」這也是他最著名的能力圈原則。然而，大多數人都是活在自己的認知「圈層」裡，從「自以為是」的視角去理解消費者、理解商業、理解這個世界。

一家大型軟體開發商的老闆，將人們對自己的認知分為以下 4 種，如圖 2-1 所示：

第一種 —— 不知道自己知道；

第二種 —— 知道自己知道；

第三種 —— 知道自己不知道；

第四種 —— 不知道自己不知道。

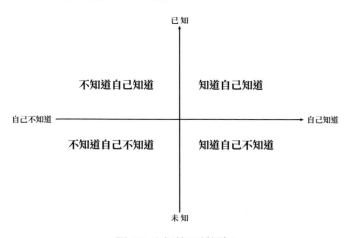

圖 2-1 人們的四種認知

其實，犯錯不可怕，最可怕的是不知道自己不知道──很多人意識不到自己犯了錯，更不知自己究竟錯在哪裡、如何改正，於是長時間在一條錯誤的道路上徘徊，也許你付出了很多，也許你也很努力，但這種錯誤的努力到頭來並不能感動消費者，最多只是感動了你自己而已。

當我們什麼都想要的時候，往往什麼也得不到。經營企業和經營人生一樣，如果我們總是東一下、西一下，那麼自始至終都找不到一個發力點。故而老子有言「治大國如烹小鮮」，說的就是這個道理。

【思考】他們都在賣給誰？

口說無憑，實踐是檢驗真理的唯一標準。接下來，我會列舉一些常見的真實案例去佐證每一個問題。以此來說明我們為什麼要這樣思考，同時啟發我們下一步該怎麼做。

既然精準地找到目標消費者如此重要，那我們究竟要賣給誰？先來看看下面這些企業都把產品賣給了誰。

◎這些品牌究竟在賣給誰？

為什麼特斯拉如此強大，依然有其他品牌的電動車能夠把市場做起來？

這是一個真實的故事，我前一陣子決定買一輛電動車。由於我本身就是做行銷出身，所以正好可以研究一下電動車市場上這些車廠能夠闖出來的原因。我先找到了電動汽車的開創者、極致效能的代表──特斯拉。特斯拉以族群的焦點為自我標榜，它的車是賣給對車子的效能有追求的人以及觀念較為時尚前衛的族群。所以你去到特斯拉的展示間，會明顯感覺到科技感和先進的技術。例如，業務員會告訴你車在百公里加

速 2.9 秒，最慢的也有 3.9 秒，當你試駕的時候就會感覺到眼前這部車的效能的確很厲害。此外，特斯拉的自動駕駛技術先進到，業務員只要原地站在那裡車子就能被自動喚醒，把車子叫到自己旁邊。但這樣一款效能品質極佳的特斯拉 Model3 僅賣 170 多萬新台幣，在這種情況下，其他品牌怎麼活呢？

於是我來到第二家門市 —— A 品牌。我問業務員：「你們家的車與特斯拉有什麼區別？」銷售員想都沒想，張口就回答了我三個問題：「第一，我們的車與特斯拉的消費者不同，定位不同，我們的車主要賣給家庭消費者。第二，我們車的優點是讓消費者不會有里程焦慮。你開特斯拉回老家，中途要去充電，如果沒有充電站或者需要排隊，你就會很擔憂。而我們的車續航比特斯拉高出一倍，幾乎可以隨便跑，技術是增程式，簡單來說就是油電混合式。第三，雖然百公里加速幾秒是特斯拉的關鍵優勢，但我們的車不強調百公里加速，如果您帶著爸媽出去旅行，100 公里加速並不合適，安全第一。」的確，家庭用車第一就是舒適和安全。我瞬間就明白了，這個品牌之所以賣得好主要有三點原因：第一，舒適 7 座；第二，沒有里程焦慮；第三，體驗感除了舒適外，更有安全感。

接著，我又去了第三家 —— B 品牌。我問業務員：「你們的車和 A 品牌有什麼區別？」對方說：「我們的定位是高階商務電動車，我們要成為電動車裡的保時捷。」所以，B 品牌做得好的關鍵就是服務，主要客戶是商務人士，對於商務人士來說，想要買一臺電動車一定要彰顯身分。所以，今天在商業領域擁有 B 品牌電動車的人買的就是身分感的象徵。

後來我又去了第四家店 —— C 品牌。我問銷售員：「你們的車與其他品牌有什麼區別？」銷售員說：「我們是最懂電動車的品牌，我們主要是賣給喜歡語言互動的人，並且是偏向於低價且喜歡展現自我的人，所

以在外觀設計上，我們的車內造型設計非常時尚，尤其是這個型號的顯示面板，以其高解析度的顏色和傑出的設計征服了消費者。」

　　我發現上述 4 家企業之所以能在同一個市場中都做得很好，主要原因就是因為他們的目標消費者都很精準，但彼此之間服務的客戶群體不一樣。

　　未來，任何一家企業想要成功，首先必須要有精準的目標客戶。如果你在戰場上第一槍就開錯了，那麼後面就全錯了，而每一槍射出去的子彈都成了資源浪費。

　　回過頭來思考上一節的問題，我的近視防治品牌究竟賣給誰？我們為什麼不賣給所有人，而是專門賣給 6 ～ 18 歲孩子的家長？首先，孩子是我們的消費者，而家長是我們的目標客戶，因為未成年的孩子沒有錢，而家長具有購買力。曾有一個賣豬飼料的朋友，我問他：「你的客戶是誰？」對方說：「我的客戶是豬。」但要知道，豬並不能給你錢，你的客戶是養豬的人。所以，定位要準確，如果定位錯了，接下來你的行銷和推廣就會以孩子為目標，後面所有的努力都白費。其次，賣給男人和賣給女人完全不同，賣給老人和賣給孩子完全不同，但是大多數人在出發之前都沒有把這個問題想清楚。很多人認為自己的產品可以賣給全世界的人。

　　弄清楚了消費者是誰，接下來，你還要清楚你的消費者在哪裡，否則你就沒有辦法用你的產品做場景置入，你的產品就不會經常出現在消費者目光所及之處。當 A 品牌的車賣給家庭消費者，它投放廣告的主要地點就在社群；當 B 品牌的車賣給商業人士，它投放廣告的主要點就在機場等地方。這樣你才能找到發力點，順利到達羅馬！

【洞察】商道本質：找到發力點

俗話說，「條條大路通羅馬」，在商界，「羅馬」代表著我們想要的結果，而這裡的路既是道路，更是商道。

何為商道？

假設羅馬在 A 點，你在 B 點，那麼你怎麼才能到達羅馬？雖然說條條大路通羅馬，但是你最終只能走一條路。否則，你今天走這條路，走著走著發現此路不通，於是又退回去選擇另一條路，走了幾天發現路還是很難走，於是再去選擇別的路。你信不信，這樣的走法你永遠都到不了羅馬。

回到現實生活中，我們有多少次都是走了一段路又回來，又走一段路又退回來，我們總是耗費大量的時間和精力不斷地變更路線，結果往往是走了很久都沒有到達嚮往的目的地。同樣，很多人做了十幾年依然賺不到錢，還有人做了二十年都沒有把企業做起來，有太多人都沒有抵達過真正的羅馬。

所以，如果把「羅馬」看成是「我要賺一億元」、「我要成為行業第一」等各式各樣的目標，你不妨用十年、二十年的時間去檢驗一下，你有沒有達成你的結果。如果沒有達成，從商業的本質來說，是因為你始終沒有找到那條通往羅馬的路。

我有位開餐廳的朋友，他不知道自己到底服務誰，更不知道他們為什麼買，對於消費者從來沒有研究，最後導致他的產品定位完全混亂。他起初是賣米線，做了一段時間發現米線不好賣，於是開始賣包子，後來又發現賣包子不賺錢，又開始賣油條。幾經折騰，今天東一下，明天西一下，什麼都賣，最終什麼也沒賣好，以失敗告終。

這並不稀奇，其實滿大街都是這種「無頭蒼蠅」式的創業者，他們始終找不到一條路。儘管在出發之前，你可能是有資源、有資金、有時間和精力的，但是如果路沒有找對，那麼你的金錢、時間、精力是不是就全部都浪費了？

要想找到突破口，我們可以用一個字來概括叫 —— 點，具體來說就叫做發力點，找到你的發力點，然後十年磨一劍 —— 這就是商道本質。

◎找準發力點才能水滴石穿

水滴石穿的關鍵就是要找到發力點，否則怎麼可能穿得了石？一滴水本身是沒有力量的，他只有持續在一個點上施加力量，持續地滴才可以穿石，做人、做生意都一樣。

人最難的是什麼？未知！人生最難的就是用已知賭未知。經營企業做投資，你的錢是已知的，但是你把它花在哪裡是未知的。你做什麼都不一定能成功，這個時候你的思維、遠見、卓識就開始發揮作用，未來你在哪裡出力，你的錢花在哪裡、你要走哪條路都是由大腦的思維決定的。

然而，很多人會發現我們浪費了太多的時間去做無用功，如果在十年前我們就能找到這個發力點，恐怕早就成功了。但更可怕的是，如果一個人一輩子找不到發力點，恐怕一生都將碌碌無為。所以，回想一下你在過去的幾年甚至十幾年中，為什麼只賺了一點小錢，因為你總是一下做培訓，一下做零售，一下賣 A 產品，一下賣 B 產品，最後你只能賺一點錢。這也是我為什麼在做了許多不同的產品之後開始反思。

我在幾年前跟一間飲料公司老闆合作，這間飲料公司的一個產品賣了幾十年，直到今日仍是暢銷品。這位老闆在幾十年前就找到了這個發力點，他只服務一群人 —— 孩子。雖然這款產品在本質上也是一款飲

料，儘管幾乎所有的家長都不喜歡讓孩子喝飲料，但他們找到了不一樣的切入點，成為了大部分孩子都喝過的飲料。可以說，只要它的消費族群——孩子是源源不斷湧現的，他的這場消費者之戰就還可以繼續再打幾十年。

與這位飲料公司老闆的合作為我今後的事業帶來很大啟發，從那之後我也終於找到了創業的發力點，我要專注於做技術、做近視防治，找到這個點之後我就可以持續努力。

1997 年，蘋果公司遭遇巨大的發展危機，董事會決定請回蘋果的創始人賈伯斯（Steve Jobs）。賈伯斯回到蘋果公司之後，幾乎所有人都認為他會開發新產品和高階產品，繼續拓展通路，但賈伯斯做了什麼事呢？

第一件事，把原來 104 個產品砍到只剩 5 個。根據上一節的分析，這家公司做了 104 個產品，最大的目的無非是誰的錢都想賺，誰都是自己的客戶。

第二件事，把原來的 6 個通路砍掉，只留下 1 個。要知道，不同的通路有不同的需求，唯有砍掉不重要的通路，才能集中精力把產品做好。

終於，十年磨一劍，十年後，蘋果公司推出了引領潮流的 iPhone。

所以，這就叫找點，你找不到那個發力點，你的生意會非常尷尬，因為你的錢花了、時間花了、精力花了，最後卻沒有結果。不要總是信誓旦旦地說：「把這些錢給我，這一次我一定發財」，先靜下心來找準發力點才能踏上通往財富的羅馬大道。

■ 第二問　消費者為什麼買？

消費者為什麼會買，這個問題的本質講的是需求的洞察，包括消費者的需求以及行業的消費需求。比如，為什麼消費者會買電動車？為什麼偏偏這幾家做得好？因為電動車已經代替燃油車，從產業的角度來看是大勢所趨。所以，消費者會買電動車。

我們發現有很多人，今天發明了一個新產品，但是連你的品類都需要去做市場教育時，這對消費者來說就會很麻煩。當消費者不需要你的時候，要不就不再理你，要不就轉投他人的懷抱。

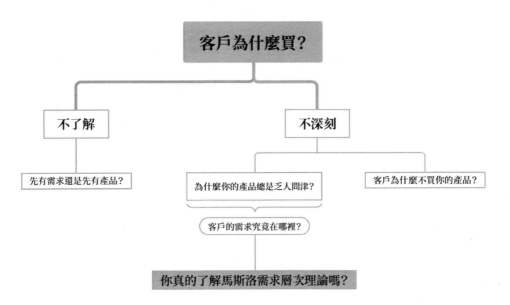

【現狀】不了解 VS 不深刻

為什麼你的產品總是乏人問津？

消費者為什麼不買你的產品？

如果你也問過自己這兩個問題，說明你沒有觸動消費者產生購買行為背後的原因，你對消費者的真實感受和需求既不深刻，亦不了解。

◎物有本末，事有終始，知所先後：先有需求，後有產品

先來思考兩個問題：

第一個問題：我們為什麼要去餐廳吃飯，是什麼原因驅使了我們去餐廳吃飯？

簡單總結，通常有以下原因：

1. 餓；

2. 社交；

3. 談生意；

4. 公司請客；

5. 不想煮；

6. 能吃；

7. 嘗鮮；

8. 等級、面子；

9. 快；

10. 營養；

11. 方便；

12. 用餐體驗（感覺）……

　　第二個問題：公共電話難道是被電信公司打敗的嗎？

　　這兩個問題的本質是消費者的需求。當消費者沒有需求的時候，你做得再好又能怎樣呢？Nokia 的手機品質是很好，但消費者需要的是外表。

　　所以，做生意最怕的是陷入偽需求中，對消費者的需求不了解、了解得不深刻是當代很多企業面臨的最大問題。

　　現代管理學之父彼得・杜拉克（Peter Drucker）曾說過，「企業是社會的器官」。企業最深層的本質 —— 任何企業得以生存，都是因為它滿足了社會某一方面的需求，實現了某種特殊的社會目的。如果對消費者來說，一款產品可有可無，性價比高就用，不用對生活也沒有什麼影響。這樣的產品既沒有價值也沒有賣點，更難以搶占市場。可以說，今天的市場是先有需求，後有產品，你的產品要賣給誰，根本原因不在於你的產品有多好，而在於你的消費者需不需要。但今天仍有很多老闆或創業者，往往是先陷入自己的產品思維中自嗨，覺得自己研發出了全世界最棒的產品，然後拿著產品去找消費者，殊不知這完全是把需求與供應的關係弄反了，也難怪賺不到錢。

　　你也可能會說，那我們就將重點放在目標客戶的需求，以消費需求為導向。那你真的了解什麼是真正的需求嗎？它是如何產生的？消費者需求的變化有沒有什麼規律？我們又該如何挖掘應對消費者不同的需求？

　　第一，需求是看不見摸不到的。

　　需求長著一張模糊的臉，即便需求看不見、摸不到，但它又是真實存在的，並且是商業活動非常重要的一個環節。

第二，需求決定了你的產品價格和價值。

一瓶礦泉水在便利商店和在一個荒無人煙的沙漠中，哪裡賣得更貴？再比如一個饅頭，如果你天天吃，看到就想吐，你還會買它嗎？但是對於一個飢腸轆轆的人來說，饅頭就是救命稻草。可見，產品還是一樣的產品，不同的是消費者的需求不同。而需求不同，產品的價值就不同，類似的例子有很多。例如，同樣的餐飲，在鐵路、機場或風景區內賣的相對就要貴一些等等。

第三，消費者的需求是動態且多變的。

同樣，消費者的需求也並非一成不變，每個人的需求都是隨著環境、文化、場景的不同而不同。

以餐飲業為例，回到三十年前，消費者的需求就是吃飽，那時人們能上一次餐館都算是值得慶祝的一件事。但在今天，人們已經不滿足於只是填飽肚子，消費者更要吃好，同時要吃得營養、健康，用餐環境要有品味，甚至要有趣、要好玩，滿足消費者的心情，否則消費者都懶得踏進你的餐廳。可是對於在街頭流浪、睡在天橋底下的無家者而言，他的第一需求則是吃飽。再如，大多數小孩都喜歡吃零食、女人喜歡下午茶和甜品，老人則不喜歡吵鬧……

假如把場景進行分類，無非是我們和同事、和友人、和家人、和情侶、和同學……有時我們需要私密的空間，有時我們需要熱鬧的氣氛，而有時我們希望高性價比，有時卻希望消費的時候有面子。社交場景不同，疊加式的需求也不盡相同。

因此，確切地說，「物有本末，事有終始，知所先後」，這才是關鍵。

產品是應需求而生 —— 先有需求，後有產品。需求才是第一核心，

沒有需求就沒有商業，商業的本質就是解決社會問題和滿足消費者的需求 —— 產品的源頭是需求，然而，創業失敗最大的悲哀不只是損失了很多錢，而是閉門造車，辛辛苦苦研發出的產品賣不出去，很多人誤把自己的需求當成消費者的需求了。

汽車大亨福特（Henry Ford）說過這樣一句話：「如果我當年去問顧客他們想要什麼，他們肯定會告訴我：『一匹更快的馬』。」

你可能會問，都還沒出現汽車這個產品，人們怎麼會想到汽車這一需求呢？的確，消費者看似並沒有「開汽車的需求」，充其量是對「更快的馬車的需求」。

但這個觀點有兩點需要指出的：

第一，雖然普通消費者沒有提前產生「我想要開汽車」的需求，但是賓士汽車的創始人卡爾‧弗里德里希‧賓士（Karl Friedrich Benz）一定有這個需求，否則他就不會發明汽車了。只不過，這種具有劃時代意義的躍進式的產品，只有極少數人才能在最初發現別人看不見的需求。

第二，催生汽車這個產品的，並非「對更快的馬的需求」，也並非「對汽車的需求」，而是「對更快的交通方式的需求」。

實際上，福特先生這句話的意思是指，如果真的認為消費者的需求是「更快的馬車」，那汽車真的就誕生不出來了。這也是我們常常犯的錯誤：已經明確指向某種具體事物的「需求」，不一定就是真正的需求，根據這種需求設計出的產品，往往不是最優解決方案。需求本質上是一種心理的缺乏、不滿足的狀態，它沒有具體的標的，比如口渴了是缺能喝的補充水分的東西，而不一定是缺可口可樂、缺啤酒。

所以最後來看，仍然是先有了「對更快的交通方式的需求」，才有了汽車這個產品。

當然是先有需求，需求可以是直接的，比如，餓了需要吃的，冷了需要穿的；也可以是間接的，開會的人分散在各地，到不了一個會場，提供車是直接的滿足，提供視訊會議系統可以看作是間接的滿足。現在很多人提到「硬性需求」，對於創新產品，所謂硬性需求並不是直接的，而是等待有心人去發現。

但發現歸發現，千萬不要在你還不了解、了解得不深刻的時候就盲目行動，「需求」是一個產品之所以被稱之為產品的首要前提。至於黏著度和體驗那是滿足需求之後的事。

舉個例子。如果你身在東京，我給你一臺空調，外表華麗，黃金面板，採用德國最先進的工藝組裝，極富情懷，還可以一鍵播放你喜歡的音樂。聽起來是不是很有吸引力？但是如果我告訴你，它沒有製熱的功能，你還會認為它是一個能滿足你需求的「好」產品嗎？不會，因為你所處的環境需要冬暖夏涼，冬天能製熱也很重要。同樣的問題，如果在沖繩，哪怕空調沒有製熱的功能，也不影響你認為這個空調是好產品。

所以，消費者可以不知道自己為什麼想要購買，但你必須具備獲客思維，了解消費者購買的底層邏輯。「要做一把椅子，你首先需要清楚人們是怎樣坐著的；要設計消費者介面，你首先需要了解消費者的思考方式與想法。」這種思維對我們尤為重要。

當我們從 0 到 1 開發一個產品時總是容易單方面認為產品上線後一定會被人喜歡，世界會因為你開發的產品而變得美好。但透過我自身的創業經驗和以我對市面上多數產品的認知，其實多數產品，從開始開發那一刻，就面臨著「死亡」了。開發產品，一定要先解決消費者的某種需求，或者是能夠更好地解決其他產品已經解決的需求。看似抽象，卻是無可辯駁的事實。

【思考】從吃飽到吃好，究竟是消費者變了，還是行業需求變了？

下面，我們就以與我們老百姓距離最近的餐飲業為例，來進一步證實我們為什麼要解決「消費者為什麼買」這一問題。

現代餐飲業可謂風起雲湧，大品牌花招百出，小品牌也有自己的生存方式。隨著餐飲業的蓬勃發展，老百姓餐桌上的變化可以說是翻天覆地，從吃不飽到吃飽，再到吃好、吃出文化、吃出健康。而當代年輕人的飲食習慣也已經從吃飽、吃好慢慢轉變為有趣、快捷、新鮮。每道菜好吃不好吃不是最重要的，重要的是它看起來一定要值得你等，值得你去吃。乾冰、火焰、閃電……誰更加能刺激消費者的感官體驗，誰就能在社群網站上獲得討論度。

現代消費水準的提高，帶動了餐飲行業的巨大發展。消費者在餐飲消費上的需求也成長迅速。同時顧客精神需求的增加，使得在餐飲消費上也從傳統的追求「吃飽、吃好、味道好」提升為「好吃、好看、好玩、好體驗」的精神物質雙重層面。這使得餐飲進入了新餐飲時代。

◎從餐飲業看消費者需求的變化

餐飲業從最初人們只要能「吃飽」，生意就好，後來消費者需求逐漸變成「吃好」——人們開始追求山珍海味，於是才逐漸有了多種菜式。而當人們對不同菜式的需求被滿足後，需求也進一步更新，變成了「營養」、「美味」。這個漫長的過程說明了消費者在歷經吃飽、吃好、吃文化、吃健康的不同階段裡，其需求也悄然發生了改變。（詳見圖2-2）

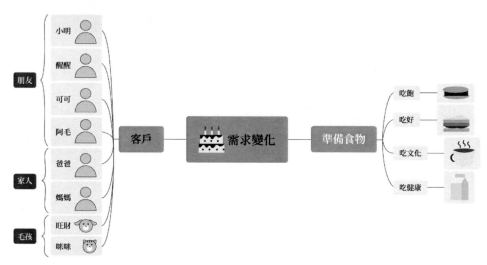

圖 2-2 從餐飲業看消費者需求變化的四個階段

具體分析如下：

第一個階段，從「吃不飽」到「吃飽」。

當城市的經濟體制從農業往商業發展，創辦餐飲業的人多了起來，生產力得到了釋放，生活物資逐漸豐富起來，進而解決了人們的溫飽。

第二階段，從「吃飽」到「吃好」。

經過多年努力，人們從「吃飽」向「吃好」轉變，現代化產業長足發展，百姓餐飲不斷豐富，各種菜餚、小吃在市場上湧現，人們「吃好」的願望逐步得到滿足。

第三階段，從「吃好」到「吃文化」。

隨著經濟貿易帶來的動力，餐飲業追求飲食文化之風日益興起，各種不同的傳統名菜與小吃得到重視、挖掘與弘揚，百姓消費的文化情懷得到激發，各種餐飲故事與傳說廣泛傳播。

第四階段，從「吃文化」到「吃健康」。

最近 10 年，生態文化不斷加深，健康養生已成為人們普遍關注的話

題，健康養生產業也受到許多政府重視。在這一背景下，餐飲健康成為時代主流，以前的大魚大肉不再成為人們追求的享受，養生菜餚、清淡口味越來越受歡迎。

可以說，時代在不斷發展進步，消費者的消費心理也在不斷地變化，餐飲消費更多元。在這樣的趨勢下，如今去餐廳，「吃飽」的要求已經過時，在外用餐已經成為一種社交，「吃好」的內容也從狹義的「菜品好不好吃」，擴展到原料和烹飪方法是不是健康、餐廳的設計是不是個性出眾、用餐的舒適感如何等面向，甚至判斷的標準還延伸到是否符合自己的審美、愛好。我們只有跟隨發展，迎合消費者的消費需求，才能永續發展。

很多人會說，餐飲就是要好吃，沒錯，好吃依然是第一競爭力，但也就是滿足了消費者基本的生理需求，在現在的餐飲市場裡，基本上已經少有真正難吃的餐廳了，但依然有很多生意不好的餐廳，根本原因是無法滿足消費者的心理需求。消費者需求更新，餐飲人該怎麼應對？

看看那些世界頂級的餐飲業都是怎麼發展的你就知道應該怎麼做了。

肯德基、麥當勞打遍天下無敵手，主要滿足了一個需求 —— 快。

餐飲業 95％在打「好吃」，於是各大餐廳致力於把自己的主打品項做到最好吃。

所以，要想在競爭中獲得勝利，就需要在「更」字上下功夫 ——比競爭對手速度更快，效率更高，口味更好吃，環境更好，服務體驗更好，更好玩有趣，更有獨特個性，性價比更高，等等。誰把產品和服務做到了極致，誰就能在產業立足。

但是，始終不要忘記最重要的一點，因為消費者有這樣的需求，才

誕生了各式各樣的產業型態。選定屬於你的產業型態，你先占下位置，你不進攻別人就進攻。

「雞叫不叫天都會亮」，當你發現市場發生變化了，就是競爭對手創新了。

【洞察】洞察需求就是洞察人性

行銷定位大師特勞特說過：「消費者的心，是行銷的終極戰場。」想要知道消費者為什麼買，就要洞察消費者的需求，而洞察需求就是洞察人性，理解需求就要先理解人性的弱點。

◎洞察人性的三個問題第一個問題，你真的了解馬斯洛需求層次理論嗎？

談到需求，不得不提到馬斯洛在其需求層次理論中提出的五大需求。如圖 2-3 所示：

圖 2-3 馬斯洛需求層次理論

在以上五大需求中，除了生理需求和安全需求，其他的都可以歸類為精神需求。比如，開 250 萬元的車並不會比 50 萬元的車快五倍；住 300 平方公尺的房子也不會比 100 平方公尺的房子舒適三倍；用 2 萬元的包包也不會比 200 元的包包多裝 100 倍東西；抽一支 100 元的菸也不會比一支 10 元的更提神醒腦，但依然無法阻止人類精神上的不斷追求。需求永遠都在，只是一直在隨著認知的更新而變化。

為什麼商家都喜歡找各種網紅推薦、明星代言、明星同款？

就是利用領袖力量影響消費者的價值觀和感性因素，驅動消費者的思想，讓你覺得擁有了這款產品就能跟過上明星一樣的生活，從而產生購買欲望，產生需求。

為什麼當年我們小的時候很容易感到快樂和滿足？因為我們小時候的書本知識和老師、父母的認知水準，決定了我們的認知水準。資訊封閉造就孤陋寡聞，認知低下，欲望就小。而走出社會後發現原來世界這麼大，認知提升了，欲望一下就放大了，什麼都想要，又發現這個城市的花花世界和高樓大廈跟自己一點關係都沒有。

欲望太大，實力又太小。以至於兩個極端，一個是有自知之明，腳踏實地加倍努力，一個是不甘心，天天去看別人的成功學說，最終迷失在欲望的苦海裡。所以說，與天鬥，與地鬥，歸根究柢是與自己內心欲望的魔鬼鬥。人的欲望魔鬼一旦釋放，就回不去了。

所以，我們來到了第二個問題。

第二個問題，我們常說的人性的弱點到底有哪些？

曾經有人給人性的弱點總結出一個「七宗罪」——貪婪、傲慢、嫉妒、憤怒、怠惰、暴食、色慾。

當然不止於此，還有其他，就像我們擔心變老，怕變胖，怕掉頭髮，怕不夠美等等。那麼，人性的弱點如何影響消費者的選擇和決策呢？

比如人都是有惰性的，於是人們就渴望產品能夠便捷方便。舉一個利用懶惰弱點的典型案例。O2O 就是因懶而生，人因為懶得做飯，就用送餐平臺點了外送；人因為懶得等車，所以就用網路叫車。

再比如貪心，就是讓消費者覺得占了便宜。為什麼每年「618」和「雙11」品牌商都能大賣？有人說因為品牌在製造節日，但歸根究柢，就是因為貪心激發了消費者的購物欲望，認為這麼低的折扣，有便宜不占是傻子。

直擊人性的弱點，你的產品才更有存在的價值。

所以說，洞察需求，就是洞察人性，而欲望又是永無止境的，並且不斷地拉高人的極限值。人的極限值越來越高，幸福感就越來越低，人性的欲望就越來越大了，物質的東西就無法滿足心理需求了，從而對精神上的需求也在不斷更新變化。可見，人性的欲望推動著這個社會發展。發展到一定程度時，我們就來到了第三個問題。

第三個問題，網路是怎樣利用人性的？

進化到現在的網路產品，同樣是利用了人性的弱點，不斷釋放人性的欲望，不斷提升人的極限值。（詳見圖2-4）

例如，極簡對應懶惰，滿足人們的惰性需求。因此賈伯斯把手機的按鍵全部拿掉，今天我們都在使用的通訊軟體同樣在極簡的道路上不斷更新迭代。

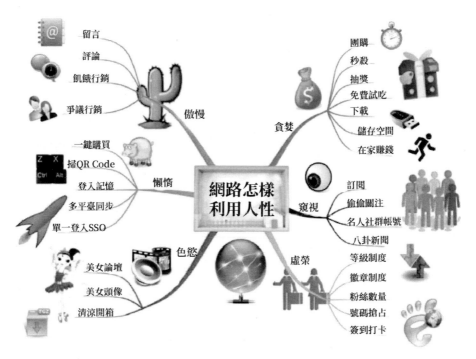

圖 2-4 網路怎樣利用人性

我曾經和朋友說過一句笑話，現在的「八年級生」被無數人當作目標客戶，關於「八年級生」，被無數商家貼過各種另類標籤，但從 25 歲到 34 歲，全部都是八年級生，但 25 歲的人和 34 歲的人，差距也是非常大的。他們到底有哪些需求？如果我們都不了解「八年級生」，做出來的產品又怎麼能滿足他們的需求。

所以，重點還是要弄懂消費者背後真正的需求。

今天，行動網路的發展讓資訊變得更透明，讓消費者能接觸的資訊也越來越多，認知越來越高，可選性越來越多，各種第三方檢測平臺，讓消費者對產品價值的理解越來越理性。相對於上一代人的活法，他們更願意接觸新的東西。

而從消費心理角度來說，在經濟條件改善，基礎的生理需求和安全需求被滿足後，社會需求、尊重需求和自我實現需求就開始成為人生目標，就產生多元化消費需求了。我們放眼現在的消費者需求，基本上沒有消費者需求空白。

所有的企業想的都是如何更好、更方便、更快捷地滿足消費者需求，比的是誰更細更尖。比如，大眾評論的本質並不是為消費者解決找到一個吃飯的餐廳，而是為消費者找到更便宜、更好吃、更近、更方便的一個餐廳的需求；網路叫車也並不是在解決叫車問題，而是在滿足消費者更好、更便宜叫車的需求；有主打提供大量新聞的平臺，也有主打提供更精準、更及時的新聞平臺；行動支付滿足了我們更便捷的付款方式需求。

春江水暖鴨先知。

社會總是不斷地往前發展，市場規律就是優勝劣汰。未來不管你是細分客群，還是細分需求，或者是細分品類，都是為顧客提供更好的價值，讓消費者進一步確定下一個問題：為什麼非買你的不可呢？

■ 第三問　消費者為什麼非買你的不可？

你要買電動車、要吃肉、要吃水果，為什麼非要買某些特定的品牌呢？

時代和消費者拋棄你的時候，連招呼都不會打。如果說商業的本質是購買需求，那麼產品的本質則是購買理由。如果你不能回答消費者的這個問題，有問題的就是消費者：我為什麼非買你不可？

【現狀】我沒有 VS 不犀利

　　再仔細思考一下上面的問題，你為什麼非要買 A 品牌的肉呢？可能是因為這個品牌告訴你，他賣的肉肉質非常鮮美、安全可靠，那麼，另外一個層面的意思就是其他家賣的肉品質可能不好，既然有更好的選擇在面前，壓根就不想去買其他品牌的肉了。

　　你為什麼買 B 品牌的氣泡飲料呢？因為你又想喝飲料又怕胖，而 B 品牌告訴你它 0 卡、0 糖，怎麼喝都不會胖。

　　有一款補鈣飲料暢銷多年，這款飲料是賣給誰的 —— 孩子；他們在哪 —— 便利商店；他們為什麼會買 —— 因為孩子天性嘴饞；孩子喝飲料為什麼非要喝這款呢 —— 因為飲料瓶的字面意思已經告訴你了，儘管幾乎所有的家長都不喜歡讓孩子喝飲料，但是這款飲料可以為孩子補鈣，它即使是飲料也是能補鈣的飲料。

　　為什麼買 C 品牌的沐浴乳？因為它抗菌。

　　而 D 品牌因為沒有回答這個問題，所以它已經逐漸淡出大眾的視線。

　　即便後來 D 品牌請了許多巨星代言，工廠投入大量資金，但最終還是沒能撐下去。因為它沒有回答消費者「我為什麼非買你不可」這個問題，而有的品牌雖然回答了消費者，但卻不夠犀利，同樣遲早會被這個充滿不確定性的、迅速變化著的時代所拋棄。

◎時代和消費者拋棄你的時候，連招呼都不會打

　　當然，截止到目前，D 品牌還在。你在網路上依舊可以買到，但是下面的評論通常是：「幫長輩買的。」但是，由於品牌缺創新，包裝欠更新，依然是十幾年前的包裝風格，經銷體系太傳統，市場變化反應慢，

自然就跟不上時代的變化，滿足不了消費者的更多需求。所以，D 品牌雖然還在，但它至少活得不夠好。不只是 D 品牌，曾經很多品牌，現在正在漸漸消失。

當然，一個品牌，很難永久熱門，但是他們矗立過時代前鋒，擁有過輝煌歷史，值得尊敬，但其中失敗的癥結卻是值得我們永久銘記的教訓。

【思考】現象級單品的銷量奇蹟如何誕生？

某個飲料品牌靠著「清涼退火」的廣告語進行行銷，幾年內就達到驚人的銷售額。這句廣告標語給了消費者一個非買不可的理由。然而，今天有很多企業經營了幾十年也沒有回答這個問題。只要你的行業有一個人回答了這個問題，那麼消費者就會拋棄你，轉投它的懷抱。

也曾有人問過我，這個飲料品牌之所以能席捲市場，成為現象級的單品，難道僅僅是因為廣告打得響嗎？當大家試圖為這些熱賣品牌，貼上「銷量奇蹟」的時候，在我看來，這些產品之所以備受追捧，只因為做對了一件事：那就是給了消費者一個購買的理由，告訴消費者為什麼非買你不可。

◎「銷量奇蹟」的背後是購買理由

如果說商業的本質是購買需求，那麼產品的本質則是購買理由。你必須找到一個讓消費者購買你的理由，產品缺乏購買理由，或購買理由行銷無力，那麼你的產品再好，也很難帶來有效的轉化。

羅瑟·里夫斯（Rosser Reeves）在 1950 年代曾經提出一個經典理論 —— USP，獨特的銷售主張或「獨特的賣點」。他指出，一個廣告中

必須包含一個向消費者提出的價值主張。因為消費者對於產品的認知，是透過購買理由感知的。而設計產品的本質，首先就是為你的產品找到優勢，定義產品的獨到好處，其次就是研究滿足消費者最迫切的需求，最後將優勢轉化成消費者非買不可的理由。如果你總是吹捧你的產品多好，卻沒能給消費者一個選擇你的理由，自然無人問津。

那麼到底什麼是購買理由？

比如說，你這兩天感冒了，有一天去藥局買感冒藥。一個是感冒熱飲，一個是分晝夜服用的藥錠，你會怎麼選？

這時候產品背後的「購買理由」，就會偷偷地給你施加心理暗示。我們看看這兩個感冒藥品牌的口號。分晝夜服用的藥錠的廣告語強調，白天不嗜睡，晚上睡得香。再看感冒熱飲，強調的是溫暖貼心。相信是要帶病上班的人，就會選擇分晝夜服用的藥錠。購買理由就是最能打動消費者的理由：

消費者買這個產品，可以享受到的獨特好處。

購買理由一定要解決這幾個問題：一是傳遞產品核心優勢，二是有銷售力，三是讓人產生購買欲或意願。

雖然兩款感冒藥功能都是治感冒，但傳遞的購買理由截然不同。我們可以發現：不管是現在暢銷的網紅產品，還是賣了多年的經典產品，都有一個優秀的購買理由，足以刺激消費者的購買欲望。

每個產品的優勢都不同，加上每個消費者的痛點需求都不同，由此產生了不同的購買理由。這也是為什麼同個品類的產品，會喊出差異化的「賣點」。當然，購買理由不是自吹自擂產品有多好，而是讓客戶相信產品能給自己帶來切實的利益。

再比如蘋果手機。蘋果為每一代手機賦予創新的購買理由，處處隱

藏人性的洞察，只為讓消費者產生「貴得有理」的感受，相信這也是每代蘋果手機都能大賣的原因。

比如：

iPhone 5 —— 易惹人愛，所以得眾人所愛，突出「被人喜歡」。

iPhone 6/6plus —— 比更大還更大，這代螢幕的尺寸加大，滿足人們使用「方便」的心理。

iPhone 6s/6s plus —— 唯一的不同，是處處不同，強調「與眾不同」。

可見，一個好的購買理由自帶說服體質，能讓人聽了就想立刻採取行動，轉化為購買力。購買理由就好比一把鐵鎚，可以精準地錨進消費者的腦海裡，切入消費者的心靈。當你產生特定的消費需求時，你會第一時間想到它們，腦子裡首先浮現的第一品牌就是它，這就是商業中最殘酷的現實！

【洞察】誰先回答消費者的問題，消費者就會先投入誰的懷抱

現在你明白了，所有的產品都應圍繞一件事，就是為購買提供充足的理由。這個購買理由可以是功能訴求、情感訴求、文化訴求，非買不可的理由，為什麼願意買單。這個理由你想不想的清楚，就決定了後面你說不說的明白。購買理由不是知識，不需要對消費者灌輸知識。理由要以消費者最原始的需求和產品的功能為基礎，把自身的購買理由充分解釋了，就能與競爭對手的品牌進行有效區隔。

有一次一個老闆找我做企劃，為我介紹他的產品時，講了半小時還沒講清楚。我就問他能不能用一句話把產品講清楚？他說：「張總，一句

話可講不清楚，我的產品有八大功能。」於是，我告訴這位老闆：「您有沒有聽說過定位理論，在定位裡面有一個關鍵詞叫搶占消費者的心理空間。我們一定要快速搶位，快速置換消費者原有的認知。只有在消費者心中搶到位置，消費者才能條件反射般第一時間想到你，你有八大功能的產品怎麼賣？什麼都有就是什麼都沒有。」後來我了解到，這位老闆的產品是一款面膜，既能補水，又能美白等等。經過消費者調查，早上起床眼睛周圍、嘴巴周圍會變得很黃，時間長了就成了「黃臉婆」。於是我幫他定下來「超去黃」，美白、補水只是產品帶來的好處，而「去除皮膚蠟黃，讓自己年輕」，才是消費者非買不可的理由。

◎回答消費者問題，建立購買理由

我們常說，你認識多少人並不重要，重要的是有多少人認識你！品牌也是一樣，並不是你有註冊商標就是品牌，也不是你在電視臺天天打廣告，你就是品牌，而是你能否回答消費者的問題？

第一個問題：一個字眼 —— 你等於什麼？

看到這些品牌你會想到什麼，或者說，如果用一個詞概括，那麼你認為你的品牌代表了什麼？

從某種程度而言，品牌就是品類的表達，我們說到上班就喝茶立頓紅茶，服務是海底撈……再比如你經常用同一品牌的保養品，那就是品牌，你天天用的洗髮精，就是品牌。你說喝可口可樂，你並不是說喝飲料；你說吃肯德基，你並不是說要吃漢堡；你說要把我的寶馬開過去，並不是說我開車來接你；你說我用蘋果做筆記，你並沒有說我用手機學習。也就是說，品牌融入消費者的日常生活中，成為某個品類的代名詞。如果消費者用到某一產品時，說出來的是你的品牌名，那麼，你就是品牌，你就回答了消費者的第一個問題。

第二個問題：一句話 —— 非買不可。

在全球化的今天，還有一些人甚至仍然認為，品牌就是商標，品牌就是廣告。

三眼看天下：

消費者 —— 需要；

對手 —— 沒有；

產品 —— 支持。

正如我前面所說的，好的產品都是利用人性做買賣，是有規律可循的，下面是我認為的三種塑造購買理由的原則：

第一個原則：傳遞可以被喜歡，變得更加吸引人。

我們都希望把自己最好的一面展示給外人，只為了被喜歡、被讚美和被認可。這也是為什麼很多香水、汽車、化妝品的廣告語，都會傳遞使用後帶來的個人魅力。比如說自然堂廣告語「你本來就很美」，就是對於女性的自信美表示肯定。

第二個原則：要盡可能滿足懶人心理。

前面我們已經講過，人都是有惰性的，都會尋求舒適、方便、簡單的產品。在塑造購買理由的時候，要善於用具體對比或列數字，強調產品如何省錢、省時間，比如說主打快充的 3C 產品，就很深入人心。

第三個原則：傳遞在做一件正確的事。

雷・伯格特在《廣告策略》中說：「人們需要理由來支持他們對產品的看法，否則只會落得沒有理由的喜愛。」從小我們就有趨吉避凶的本能，這是天性使然。這也是為什麼我們相信權威，相信專家，相信 KOL 和 KOC 的分享推薦，或者徵求身邊人意見的原因。因為往往人越多，就越證明自己的選擇是對的！看似是跟風，其實只是尋求一種消費的安全感。

除此之外，還有其他方面購買理由，比如這些耳熟能詳的 Slogan：

得到活力：喝了再上；

獲得健康：多喝水沒事，沒事多喝水；

圖個方便：Always Open；

獲得保障：華碩品質，堅若磐石；

與眾不同：Think different（不同凡想）；

享受樂趣、愉悅：Sheer Driving Pleasure（純粹駕駛樂趣）……

塑造購買理由的時候，我們可以根據自身核心優勢和品牌調性進行對號入座。也不要以為塑造了一個優秀的購買理由之後，你就可以撒手不管！產品是時間的產物，購買理由的認知是需要花時間的。當你塑造了·個強勢的購買理由之後，你後續的一切文宣海報、廣告或者行銷行為，一切都要為購買理由服務。在產品的整個生命週期中，不斷地傳播購買理由。只有經過時間的累積，才能形成消費者的深刻記憶，讓消費者越來越相信你。否則，無論你的產品有多好，在消費者的心底裡永遠會有一個靈魂拷問 —— 我為什麼非買你不可！

■ 第四問　消費者憑什麼相信你？

第四個靈魂拷問是：消費者憑什麼相信你？

如果一個清涼飲料業者說，怕上火就要喝，消費者就會立刻反駁說：「我憑什麼相信你？」那麼，這個品牌要如何讓消費者相信它能夠解熱呢？

　　或許他可以宣傳自己是唯一一款草本風味的飲料，於是該品牌透過調製出一種帶有淡淡草本風味的口感，讓消費者相信並記住了它。

　　同理，消費者憑什麼相信我的近視防治品牌？除了讓消費者自己體驗和嘗試，還因為我們開了多家連鎖店。

　　如果不安全或者沒效果，根本開不了這麼多店，規模帶來信任感。加上媒體節目與名人代言背書，這樣一來，消費者就對品牌產生了信任。

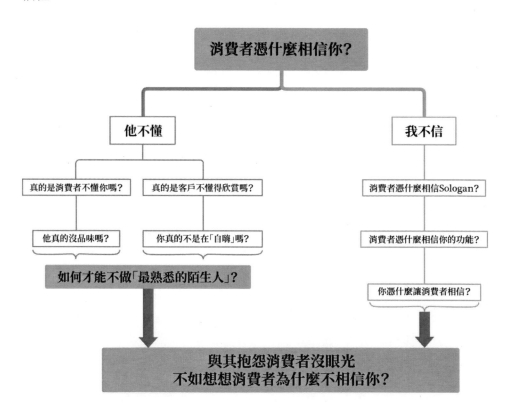

【現狀】他不懂 VS 我不信

很多老闆朋友向我訴苦，現在的客戶簡直太挑剔、太謹慎，也太有戒備心了，他們真是太不相信人了。我自己苦口婆心講了那麼多，沒有功勞還有苦勞吧，講了大半天，追蹤了數個月，到頭來，還是會找各式各樣拙劣的藉口，不了了之。對此，老闆們很是不解，為什麼會是這樣的結局。

心理學認為，人們總是會故意和陌生人保持距離，防止某些不好的事情發生，同時他們對與自己熟悉的「自己人」感到更親切和信任。我們之所以常常把彼此視為「自己人」，因為我們彼此有共同點或相似之處，從而建立了一種親切友好的關係。同時，人們將更願意相信和接受這些「自己人」提出的要求。所以，消費者之所以一開始表現出濃烈的購買興趣，最終還是在猶豫中不做決策，無疾而終，大多數時候只是因為消費者根本沒把你當「自己人」罷了。

◎消費者不是不懂你，而是不相信你

商業終極的本質 —— 贏得消費者的信任。

可以說，我們從起點到終點服務的對象始終只有一個 —— 消費者。但回過頭看，我們以前似乎浪費了巨大的機會，因為我們總是只為了一個字而廝殺得頭破血流 —— 錢！沒錯，我們總是想從消費者那裡瘋狂地贏錢，就像賭博一樣甚至不擇手段，絞盡腦汁，最後留給消費者的全是圈套。

我常常告誡身邊的老闆朋友，為什麼一個人做不了大事，是因為你做了一件沒有格局的小事。本來你可以成為一個偉大的人，但你偏偏去做了「小人」的事。當然，我在此沒有貶低誰之意，而是因為我從前也

走過太多彎路。我也是後來自己創業才漸漸吃透消費者八問這個商業邏輯。

在刑法學中有一個名詞叫有罪推論，意思是說我們先將一個人的行為認定為犯罪，然後圍繞「此人犯了罪」這一定論，再去搜尋相關的法律和事實依據，透過類推的方式，來追求一個人的刑事責任。

而現在的消費者接受資訊的管道太多，遇到問題，都會按照「有罪推論」的模式去思考，去看待，也就是說，聽到一個觀點，聽到你介紹一個新產品，他首先想到的是，其中是不是有圈套，是不是有蹊蹺，會不會被坑，然後不斷地求證，經過反覆驗證，才知道是真的，到最後，才會去接受，即便是接受的時候，他也不會因為前面不相信而有什麼負罪感。

知道了這個「有罪推論」的思考模式，你就能明白為什麼消費者那麼難被說服，為什麼消費者會有那麼多的反對問題，因為他不相信、不信任，所以我需要懷疑，得去驗證。

同樣的道理，知道了這個「有罪推論」的思考模式，也就知道了該怎樣去讓消費者相信你。用上一問總結的話來說就是，你得給

用者一個理由，給出的理由越充分，越可靠，消費者就越容易相信你，把你當成「自己人」，你也才更有機會打贏這場信任之戰。換位思考想一想，換成你是消費者，也是一樣的道理。

【思考】廚邦、費大廚憑什麼讓消費者相信？

我們可能都知道，怕上火要喝某個牌子的清涼飲料，用腦過度要吃某種保健品，最主要的原因是品牌讓消費者具備了相關的認知基礎，因

此能夠被人信服。一個礦泉水品牌絕對不適合向消費者傳播怕上火要喝它。所以，我們仔細觀察那些但凡賣得好、賣得快、賣得貴的品牌都有一個共性。

◎成功的品牌都是打贏了「信任之戰」的品牌

除了我們經常提到的這幾個品牌，還有兩個品牌值得我們借鑑與深思。

第一個品牌：某廣式醬油 ── 天然曝晒。

這個品牌的醬油銷量驚人，它的成功肯定是多種因素構成的，但究其根本，它抓住了醬油的兩個本質：

第一，醬油的核心價值是「鮮」；

第二，廣式醬油最本質的工藝特色是「晒」。

其實，在每個消費者的內心深處，都有一個未被激發的記憶，在設計時只要能夠把這個記憶挖掘出來，就能產生共鳴，就會建立信任。因此，這個品牌基於「廣式醬油特有晒制工藝」及其品牌特色，開創出了新品類，讓晒制工藝成為這個品牌醬油的靈魂，一切的行銷傳播、包裝設計、廣告創意等都基於此展開。

1. 喚醒記憶中的年代感，產生信任認同。

該品牌醬油的包裝採用了類似於古早家庭餐桌桌布的設計，這就是消費者的記憶。在他的記憶裡面曾經有這樣的資訊存在，透過設計把這個資訊移植到產品上面去，從而讓消費者產生熟悉感，進而產生信任，產生認同，最終實現購買。

2. 找出價值點和信任狀，點燃信任的情緒。

要想讓消費者絕對信任你，這點表面功夫肯定還不夠。於是這個品牌又找出了「天然曝晒」這個賣點，其實也有其它品牌的廣式醬油同樣

主打這個工法，但一直沒有一個記憶亮點讓顧客產生印象。如何使天然晒製讓顧客最簡單直接地感受到呢？

透過對廣式醬油工藝特色的挖掘 —— 晒足百日。這句話傳達了它的具體價值，並且「晒足」這兩個字是很有情緒的，如果這句話改成「晒了百日」就沒有這種情緒效果。一句「晒足」替消費者帶來的是足夠的安全感和足夠的信任。

3. 有圖有真相，用事實增加信任。

當然，光說誰不會，但這個品牌是「有圖有真相」的。

它把真實的曬製場放在包裝上，讓消費者有徒有真相地感受到「晒足百日」的價值，從而更加信任品牌，為它的銷量立下了汗馬功勞，也讓所有的事變成一件事，讓所有的事共同發力，再加上代言人有感染力的表演，讓它的廣告詞深入人心。

第二個品牌：一間炒菜餐飲品牌

這家炒菜餐飲品牌開了數十家直營門市，年銷售量極高，同時也是著名的地區美食名片，成為當地必打卡餐廳。

炒菜隨處可見，這個品牌有何特別之處？

二十年前這家餐飲品牌老闆開始做餐館時，憑藉著口味優勢，第一家電很快就取得了成功。在這之後他又推出了多個不同業態的餐飲品牌，且業績也十分優秀。隨後的時間，餐飲市場競爭越來越大，削價競爭、同質化、沒有品牌是餐飲老闆心裡的三根刺，他不得不逼著自己「找到自己的核心競爭力」。

後來他將餐飲品牌名稱冠上了自己的小眾姓氏，為的是容易形成記憶。

產品是好吃的，可是如何讓顧客產生信任感呢？

1. 打消傳統顧慮。

在這間餐館門口，櫥窗內放著現切豬肉，旁邊放著一排辣椒筐、一排蒜筐、一瓶瓶醬油矗立在那；同時，辣椒清洗也在門口櫥窗進行，打消大家對「辣椒可能沒有洗就下鍋炒了」的傳統顧慮。

2. 信任背書。

櫥窗展示僅僅是行銷的開始，進入店中會在醒目位置看到品牌標語，最常用的兩個是「網路評分本地必吃第一名」、「本地美食名店」。在點餐之前無疑又為它的品牌做了一次信任背書。

3. 直抵人心的賣點。

其他諸如：「保證當日現宰新鮮肉品」、「菜品絕不隔夜」、「只選用天然飼養法的肉品」、「匠心專注，傳承父親手藝，還原古早味」，句句傾訴核心賣點，直達人心。

4. 強化記憶。

最後，在上特色菜的時候，服務員會介紹主要食材和品牌基因，而其他的菜品是不會這樣介紹的，同時也強化了顧客對品牌的記憶。

常然，消費者對品牌的信任度需要持久永續的累積，短期的信任是不可靠的，只是讓消費者產生一點點信任也是遠遠不夠的。要想讓消費者對品牌的信任度更高一些，就需要讓信任「更上一層樓」，建立長期的信任感。

【洞察】建立信任感，不做「最熟悉的陌生人」

信任感是與消費者建立連結的橋梁，消費者從聽都沒聽說過你到知道你的存在，從完全不認識你到看到你，從看到了你到願意花時間慢慢

了解你，從了解你到逐漸信任你，直到走到信任這一步，消費者才真正願意嘗試你的產品，成為你的朋友甚至成為你的忠實粉絲。

在這個漫長的過程中，建立信任感是關鍵一步，沒有信任作為基礎，消費者隨時都可能「移情別戀」，成為「最熟悉的陌生人」。

◎與其抱怨消費者沒眼光，不如想想消費者為什麼不相信你？

前幾年，很多品牌的宣傳影片都將「相信相信的力量」這句話作為Slogan。那麼，究竟什麼是信任感？

從心理層面解釋：個體對周圍的人、事、物有安全、可靠、值得信賴的情感體驗，在個體感到某人、某事或某物具有一貫性、可預期性和可靠性時產生。

從產品層面解釋：消費者對產品有了信任感之後，才願意接受、認可產品，從而促成最後的轉化。所以，信任感十分重要。

與其整天抱怨你的消費者沒眼光，不如仔細回想分析一下，消費者為什麼不相信你呢？可能的原因有以下幾點：

第一，你總是表現得過於強勢。

你總是表現得自以為是，咄咄逼人，總喜歡去教育消費者，自作主張幫消費者做決定；你總是認為消費者是外行，自己做這一行十幾年了，比消費者更了解需求，覺得某個產品很適合對方，「我告訴你啊，你買它就行了，別的都不用看」；消費者不買，你就會擺臉色給對方看，消費者都會懷疑是自己的問題。

第二，自顧自話而不注重傾聽對方的心聲。

總說自己想說的，說不到消費者心坎裡，不在意消費者的需求、問題和感受。就像很多家長，從自己的角度和立場出發，做了很多為孩子好的事情；他覺得，孩子要長高，就天天逼著孩子喝牛奶；他覺得孩子

要補腦，就天天逼著孩子吃核桃；他覺得孩子要從小培養藝術細胞，就沒經過孩子同意，報了好幾個才藝班。

你是不是也是這樣？你總想著這個產品特別好，消費者一定喜歡，就滔滔不絕地介紹產品的優點、功能；你想著，消費者一定需要這個功能，就一直講；你認為，消費者一定喜歡這種款式，就幾次三番地向消費者推薦；你從來都是自己說，很少問消費者的需求、消費者的看法、消費者的感受，讓消費者感受不到你重視他。

第三，跪舔式的態度令人反感。

消費者提什麼問題，你都回答他；消費者提什麼要求，你都滿足他；不敢拒絕消費者。我見過很多人都是這樣；消費者提問題，他就非常詳細地回答；消費者提各種要求，他就想著滿足消費者，從不敢拒絕消費者，結果呢？

消費者說，我再考慮一下。

如果你想獲得對方的尊重，那你一定要有自己的底線和原則。對於消費者過分的要求，你要勇於拒絕。心態要不卑不亢，我不是求著你購買的，你不要拿「不買」來威脅我。

第四，沒有真心把消費者當朋友，而是當提款機。

消費者剛進店，你就問，先生，您好，您想買點什麼？消費者心想，我不買，就不能看看嗎？你的目的性太強，給消費者很不舒服的感覺。

還有，你總是急於告訴客戶「這都是你要的」。消費者問了一個問題，你說了一大堆，急切地想讓消費者購買，而不是真心用你的專業去提供一些真誠的建議，幫助消費者購買。

如果你是賣二手車的，普通的消費者來看車，目光落在哪一輛車上，你就會去介紹哪一輛車的優點。而如果是你的親戚來買呢？你會

說：「表哥，買二手車，你要注意這幾點：第一，你要看這輛車是不是泡水車；第二，你要看這輛車引擎有沒有大修過；第三，你要看這輛車有沒有出過重大交通事故；第四，你要看這輛車的手續是否齊全。」懂了嗎？如果你真的把消費者放在心上，真心幫助他少踩雷，少被騙，少花冤枉錢，他會不理你嗎？

如果你滿腦子想的都是，怎樣讓消費者多花錢，誰都不傻，人家看不出來嗎？

第五，不職業、不專業。

一個人的職業素養是指技術能力，是指對業務的熟悉程度，消費者提問題，你回答不出來，可能，也許，大概是……

比如消費者說：「這件衣服是什麼材質的啊？」

你說：「可能是純棉的。」

消費者說：「你這一箱貨裡面有多少瓶啊？」

你說：「也許是 20 瓶。」

消費者問：「這個化妝品適合乾性皮膚嗎？」

你說：「應該都可以。」

就你這樣的「專業」水準，消費者憑什麼信任你？

如果專業度不夠，消費者感覺不到你話裡的價值，你一開口他就覺得你很外行。

你說了半天，都是在講產品的效能、優點，就不能說一些有高度、有深度、有見解的話嗎？比如，對這個行業目前現狀的看法，對未來發展趨勢的預測，對國家政策的解讀，對未來風險的評估。消費者聽了，感覺，哇，好專業，長見識了，豁然開朗，從來沒聽過這麼專業的解讀！

想讓消費者信任你，不如直接讓他仰望你。

其實，無論是什麼原因，我們最終的目的都是為了讓消費者相信，如果從消費者接觸產品的那一刻算起，你能熬過以下幾個階段，就離和消費者成為朋友那一刻不遠了。

第一階段：接觸產品。

這時候消費者對我們信任是十分脆弱的，主要展現在產品和心理層面：

產品層面：不足以了解到產品價值，能為消費者解決什麼問題。

心理層面：缺少足夠的安全感存在，隨時可能會走掉。

第二階段：讓消費者信任產品。

當消費者接觸到你之後，最重要的是：如何讓消費者信任你？

人性的特點之一，就是「對陌生的事物充滿好奇」—— 希望對一個產品有更深的理解；與之相對的是「恐懼」—— 懷疑新鮮的事物，對未知的恐懼。

在企業裡最難做的事就是推陳出新。對內都有諸多要獲取信任的問題，產品做的一切都是為了消除大家的誤會，是鞏固產品在消費者心中地位的過程。只有消費者被我們的價值所吸引，才可能引起他們的興趣，才可能消除這種抬槓式的質疑，才可能進階到第三個階段。

第三階段：能保持正常的、中立的、願意花時間瀏覽、使用你的產品階段。

這時候你所說的一切，才會被消費者聽進去，這個環節比較像戀愛的階段，了解到你的價值，離不開你了，甜言蜜語的感覺，才有可能晉升為最後一個階段。

第四階段：當做好了前面所有環節之後，消費者還沒有和你「分手」。

這時候可以完成轉化了，為產品買單或者完成你要做的動作。

至於如何順利度過這幾個階段，我將在後面慢慢揭開謎底。

▌第五問　消費者怎麼知道你？

當你找到了消費者，發現了需求，贏得了信任，有了這些準備之後，接下來你還需要解決一個問題 —— 怎麼才能讓消費者知道你呢？

汽車業行銷有一個共同的特點，就是透過消費者分享，讓更多的消費者知道。所以我們看到，品牌的車主在幫品牌賣車，你能想像嗎？有個車主甚至自己賣掉了上百臺車。所以今天的行銷路徑必須發動消費者參與。每一次的商業迭代史中都有一次迭代叫做行銷迭代。

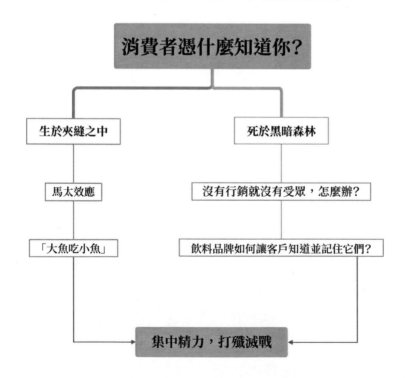

消費者憑什麼知道你？

生於夾縫之中 ── 馬太效應 ──「大魚吃小魚」

死於黑暗森林 ── 沒有行銷就沒有受眾，怎麼辦？── 飲料品牌如何讓客戶知道並記住它們？

集中精力，打殲滅戰

【現狀】生於夾縫之中 VS 死於黑暗森林

在這個弱肉強食的時代，「大魚吃小魚」的戲碼反覆上演，市場變化之快令所有弱勢品牌對強勢品牌望塵莫及，二者之間似乎存在一條永遠無法踰越的鴻溝。

品牌成長的速度是緩慢的，儘管品牌的力量是無限的，但當你的品牌還只是個僅僅剛註冊的名稱，想做一切都顯得那麼微不足道。相比大品牌，一個弱勢品牌或者新生品牌不僅實力不夠強大，就連生存也是將就維持，從生產出廠到市場行銷往往都處於被動的位置。尤其是在馬太效應曠日持久加劇之下，今天的品牌更像是在夾縫中求生存，一不小心就有可能死於黑暗森林。

黑暗森林法則出自劉慈欣的《三體》，說的是任何生物（相當於今天的任何品牌）在任何時間、空間上都有可能向你發出攻擊，甚至很多時候是讓你毫無防備地「降維打擊」。就像《三體》中描繪的那樣，人類雄偉壯闊的太空艦隊面對三體人派來的小水滴，幾乎不堪一擊，根本不是敵方的對手，最終在戰爭中被摧毀殆盡。而另一艘星艦藍色空間號在逃亡時發現了宇宙裡的四維碎片，進入四維空間後，不費吹灰之力擊敗了水滴。

隨著各行業競爭的不斷加劇，未來我們面臨的只會是更為龐大而殘酷的競爭。作為每一個參與市場競爭的品牌個體來說，我們不能只有定位，只要產品，哪怕消費者信任你之後，也不能沒有持續的行銷。

◎酒香也怕巷子深，沒有行銷就沒有閱聽人

如果沒有行銷，企業或者個人的這種價值點將會被更多市場聲音淹沒。

如同如果知識只是存在於企業本身或者個人本身的頭腦當中，沒有傳達給相關閱聽人，那這些知識便帶來不了任何顧客，這種知識將是一種無用的知識。

酒香不怕巷子深這種說法某種程度上已經不再適用於資訊大爆炸的網路時代。

你不僅要做得好，還要盡可能讓相關的人知道你的好，這是現代商業競爭中的生存發展法則。如果你的品牌內容，如廣告、文章等只是非常零散的、沒有持續的行銷動作，就很難與競爭對手產生區別。

從 2020 年開始，世界已經邁進了 5G 時代，各家手機廠商本應該憑藉著 5G 手機來進一步擴大自己的影響力，卻沒想到突如其來的疫情使得智慧型手機市場大受影響。到了 2022 年，全球智慧型手機的出貨量依然呈現下滑趨勢，可以說是近幾年手機市場中的寒冬。但其實早在 4G 手機時代，已經有一大批智慧型手機品牌因存活不下去而紛紛倒閉。

很多人在感慨之餘不禁要問一句，那些年，曾經蜂擁而至的手機品牌，現在都還好嗎？

老兵不死，只是凋零。從 2016 年開始，幾乎所有行業都在為流量紅利的消失感到焦慮不安。老牌大廠的挑戰與行銷的困境，讓一些行業曾經的標竿，跌下神壇。層出不窮的新事物不斷蠶食著流量和拚命擠占市場占有率，這是一個螞蟻與大象齊飛的時代，也是一個蟻多咬死象的時代。

黑暗森林裡的獵手，發出的殺招總是悄無聲息。

危與機總是並存，我們在看到時代機遇的同時，更要吾日三省吾身，提醒自己：下一個倒下的，會是誰？若想避免這場災難的發生，化危為機，就要把握住品牌行銷的時機，想辦法將產品融入消費者的認知，從而影響消費者的觀念和購買行為。

【思考】小品牌飲料如何「飛入尋常百姓家」？

俗話說，「人怕出名，豬怕肥」，也許這句話在過去是適用的，但在如今這個年代，觀念都變了，大家都擠破頭，挖空心思地想成名。

在當今飽和的市場中，品牌一直在爭奪消費者的注意力。品牌認可度、知名度越高，人們選擇你產品的可能性就越大。對於家喻戶曉的大品牌來說，知名度永遠不是問題，然而對於很多小品牌，尤其是那些地域性的、新誕生的品牌，要想謀劃更大的市場，首先面臨的就是行銷的問題。消費者沒聽說過你的牌子，在面對你的產品的時候就無法做出選擇，習慣的方式是選那些已經熟悉的牌子，這是一種很自然的保護意識，消費者只有在知道你品牌的前提下，才會在選擇時考慮到你。

◎先透過行銷讓消費者記住你，其他的以後再說

當你身為一個後來者，剛剛進入一個新市場的時候，首先要做的就是需要大聲地告訴別人你是誰，你是做什麼的，讓消費者知道你。以下兩個經典案例值得我們借鑑。

首先是一個「茶葉膠囊」。這個品牌重新定義了茶葉分裝的方式，並將其定義為新一代的飲茶方式，這是它快速被消費者內心認同的直觀因素。

但是，「茶葉膠囊」快速火爆的根本動力不是品牌做得多麼好，而是「行銷」做得非常好！這裡的行銷有兩個層次：一個是行銷的內容力，另一個是行銷的影響力。

第一，在內容上。

內容上以「人」為主線，以微紀錄片的方式進行價值建構，避免了令人生厭的傳統廣告。這種行銷內容化是未來品牌行銷的主要方向，只是如何架構內容體系是一個重大的難點。

第二，在影響力上。

「茶葉膠囊」選擇了最具影響力的行銷媒介，選擇在送禮旺季大量投放，簡單講就是：選對了媒體、選對了時間、有足夠多的資金。

因此，「茶葉膠囊」火爆的核心原因：透過廣告強勢行銷進入消費者認知。如果沒有大量的媒體行銷，創始人講的所有品牌思維、消費者認知和產品邏輯都不可能快速讓產品火爆起來。

其實，「茶葉膠囊」並不是第一個運用這個模式成功的品牌，以另一個飲料品牌為例。

這個品牌打著「健康」的屬性，配上看似代表身體保健意象的包裝，將兩者結合起來，創造了他的品牌主張，同時也創造了消費潮流，讓這個品牌成為佳節中祝福他人身體健康的吉祥代表，推動了這種飲料成為大眾的消費飲品。

加上由於行銷策略得當，為這個品牌樹立了良好的形象和不錯的口碑，並且透過具有辨識度的行銷方式讓他們的飲料成功搶占了消費者心中的地位，為人們帶來了不一樣的驚喜體驗。

不僅如此，他的行銷還展現了從消費者的思維出發，玩出了因應時勢的新高度。

例如在升學考試季節推出考試期間限定包裝，還針對各個科目推出特別祝福語，讓這個飲料在學生族群間愈發走紅，讓無數學生在社交媒體上晒出飲料照片，掀起了一波熱潮。在社交平臺上，品牌討論度也水漲船高。

在大家都高度關注升學考試的情境下，這個品牌推出的考試祝福限定包裝，連接了為學子加油的場景，無疑是抓住大眾注意力的一個絕佳切入點。而更重義的事，不同於大多數品牌追求熱門焦點的行銷，祝福

限定包裝有了「祝福」加持，在情感上滿足了目標族群的精神需求，更能擊中消費者的內心。

而驅動這個飲料品牌迅速行銷的底層邏輯，其實還是我們常說的消費者思維，站在消費者的角度思考什麼是消費者真正想要的，你的產品有何不同，如何替消費者設計極致的產品體驗和解決方案，這是我們在行銷品牌時的基本邏輯。

【洞察】集中精力，打殲滅戰

我相信，沒有一個品牌不想紅。

但關於紅這件事情，很多人覺得似乎是需要靠很大的運氣，其實不然。

紅這件事，無論是在一個人、一篇文章、一家店還是一個產品身上，90％以上並不是偶然，而是基於精心設計的必然。

回歸到問題的本質上來，讓更多人知道我們其實是要開啟知名度，這是我們在商業中要解決的關鍵問題。但現實往往是，要想提升你的業績很容易，但你的知名度遠遠不夠。可畢竟大多數的我們沒有大廠企業的雄厚資本，每年打廣告就花掉上千萬。那麼，如何才能以最小的成本最有效地去提升知名度？

◎積沙成塔 ── 聚焦資源，積聚勢能

品牌行銷是一個聚沙成塔的過程，聚焦資源，選擇屬於你自己的根據地，選擇特定的產品，提升品牌的忠誠度和影響力，形成絕對勢能，說白了就是集中兵力打殲滅戰。但前提是你要先找到一群能與你一同並肩作戰的人！

例如，我為什麼要讓我的品牌在一個地方開 30 家店？這道理很多人都不懂，因為只有這樣才能形成「勢」。消費者一看，這個品牌這麼多店，可以說是隨處可見，一定很有實力、很受歡迎，不然早都倒閉了 —— 消費者的第一印象就形成了，你的知名度立刻就不一樣了。

不僅如此，假如你在一個地方開了 30 家店，形成了區域性第一名，這在消費者心中不只是強勢認知，同時還直接切割掉了當地該需求 70％ 的市場。那麼，對手是沒有什麼活路的，因為你是在用 30 打 1。當然，這個店是誰開的不重要，關鍵是都叫同一個名字。那麼，你的門市對外（消費者）的印象就是 —— 30 家店。相當於你直接告訴了消費者 —— 我們在這裡有 30 家店，a 店、b 店、c 店……我們都是一起的。這種第一名的印象以及聚合在一起的強大勢能最終會形成俯衝，令對手膽寒，而消費者則會產生信賴感。

這也是為什麼我們經常在一個區域裡看到藥局往往都在同一條街，甚至在同一條街上相隔不遠的位置就開了好幾家藥局，其實，很多都是隸屬於同一家廠商，他們只是排列組合形成了一個聯盟，而不是內鬥。一個有 30 家店的地方，肯定比 2 家店要好得多，要不然為什麼肯德基、麥當勞都在一條街上。在商業中這叫做商圈效應。

你始終要站在消費者的立場去看待問題，如果我是消費者，我開車從這條街上經過時，一眼望去看見了 3 家同樣的商店，在我的腦海中這個品牌的數量就是 3，我再返回這條路，形成的數量就是 6，依次遞增，我對這個品牌的印象和認知就逐步形成了。

所以，你如果孤苦伶仃地開了一家店，其能量只能影響一公里。

　　如果是一個品牌的總部在一個地區開 300 家店。那麼，我們有理由相信，這樣的品牌就會像地區型的大品牌一樣形成絕對的能量。可見，成本最低的行銷方式就是，你如果有條件就集中在一起揪團取暖，不要分兵作戰。

　　例如，你加盟了一個品牌，那麼產品的價格都是全國統一的，甚至連話術都是統一的。這時，其實消費者在 A 店買或在 B 店買都沒有關係，重點是我們始終站在消費者的角度，告訴消費者離哪個店近就到哪裡去買，因為我們是一個聯盟中的一員，我們的產品、價格、服務等等都是一樣的。所以對消費者而言，這就是認知和印象。

▌第六問　消費者怎麼買？

　　當消費者知道你，對你產生興趣以後，就會產生購買的衝動。那麼，你的銷售通路在哪裡？線上、線下還是網路直播？消費者在哪裡買更方便呢？當消費者想買你的產品的時候，能不能很容易找到你呢？

　　越來越多的人，尤其是傳統經銷商都在問同一個問題 —— 消費者都去哪裡了？線下門市不用說，現在連線上消費者流量也在萎縮。這到底是什麼情況？

　　其實，不是消費者少了，而是消費者購物的管道多了！

　　如果你沒有健康的銷售通路，再好的產品也難以轉化成現金。

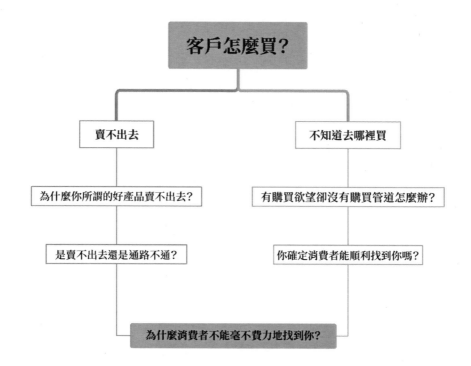

【現狀】賣不出去 vs. 不知道去哪裡買

雖然企業生產出了消費者需要的產品，可是消費者去哪裡購買呢？產品自己沒有腿，不會自己跑到消費者手裡。這時產品需要有個出貨的管道，它就如同灌溉時用的水渠一樣。如果沒有管道，再好的產品也只能爛在家裡，賣不出去，而消費者也摸不著頭緒，不知道去哪裡購買。

所以，產品有了，消費者信了，也有人願意與你一起做大做強，接下來，我們要繼續解決通路的問題。

從根本而言，產品的銷售包含兩件大事：

第一件事，品牌的拉動 —— 讓消費者向我們買；第二件事，通路的推動 —— 透過通路推給消費者。

　　品牌的作用是讓「產品好賣」，通路的作用是「把產品賣好」，一推一拉間形成的行銷閉環。所以，通路的本質就是企業產品流向市場的管道。

　　有個經典的案例說的是如何將一批木梳賣給寺廟裡的僧人。傳統的做法給出比較標準的答案是：將寺廟作為分銷通路，把和尚發展為經銷商，將梳子賣給寺廟進香供佛的善男信女們，並配以「梳掉萬千愁絲」的銷售賣點。這種思維一直被保險公司和銷售公司奉為經典，常用於線下教育訓練的案例材料中。

　　但在我看來，這並不是一個特別好的案例，因為已經過時了。實際上和尚並不是梳子的直接消費者，如果按照消費者思維，大多數傳統行業，產品推出的基本流程是市調、研發、打樣、小批量生產、通路招商，再廣告推廣活動，經銷商在承擔「銷售與售後服務」，經銷商是「產品推廣」的第一資源，「消費者」卻被「隔離」在外，此時，對於生產企業來說，是沒有消費者的。而行動網路時代的到來，「消費者體驗」決定產品的生存，企業正由「經營產品」轉變到「經營消費者」。所以，我們依然要從消費者的角度出發去拓展通路。

◎控制不了通路，再好的產品也難以實現錯位

　　在現代經濟體系中，大部分生產者不直接向終端消費者出售產品，而是透過一定的經銷通路，將產品送到消費者手中。簡單來說，就是這種產品在哪裡賣。比如皮鞋你可以進賣場銷售，也可以進百貨公司銷售，也可以在專賣店或者網路商城、批發市場銷售等。尤其在產品、價格高度同質化的背景下，通路建設及管理成為企業施力的關鍵點。通路是否合理和暢通至關重要，可以說是一個企業的命運所繫。如果不能牢牢控制銷售通路，企業的產品就難以轉化為成交，企業就將失去生存發

展的泉源和動力。因此，可以說通路管理是一個企業能否生存的命脈。

我常常看到身邊有很多創業者都在糾結，生產商、品牌商、通路商、零售商，當哪個商家最爽？

首先，生產商是比較複雜的，往往是投資最大，利潤最低；而品牌商則是最勞心勞力的一個商家，因為任何環節都不能有問題；然後通路商就是中間商，我們做好產品交給對方；而零售商也比較辛苦，因為零售商要去終端面對客戶。所以，如果非要這麼區分，那麼最爽的其實是通路商。所有的微商中真正賺到大錢的都是微商團隊背後的通路商，然而，品牌要打通通路，選擇經銷通路並不容易。

在商業領域，通路的全稱為經銷通路，引申意為商品銷售路線，是商品的流通路線，所指為廠家的商品通向一定的社會網路或代理商或經銷商而賣向不同的區域，以達到銷售的目的，故而通路又稱網路。按長度劃分通噜有長通路與短通路之分；按寬度劃分有寬通路與窄通路之分。

可以說很多時候銷售模式的不同，是由經銷通路不同造成的，它們就像人的兩條腿一樣，形影不離，互相影響。如果說銷售模式是企業銷售產品的一種方式，那麼經銷通路就是銷售產品的貨架。一個企業所處的行業、所銷售的產品不同，所設計的經銷通路也有所不同。

總之，好的產品要透過好的通路讓更多的人發現，產品再好，也要選擇一個好的經銷通路，只有這樣才能錦上添花。

【思考】為什麼消費者不能毫不費力地找到你？

過去我們賣產品往往是單打獨鬥、單兵作戰，直接對消費者完成銷售這一動作。今天，越來越多的人，尤其是傳統經銷商都在問同一個問

題──消費者都去哪了？線下門市不用說，現在連線上消費者流量也在
萎縮。這到底是什麼情況？

其實，不是消費者少了，而是消費者購物的管道更多了！線上平臺
前兩年流量不錯，很多消費者願意嘗試新的購物方式，還可以買到便宜
產品，何樂而不為呢？而現在，線上的流量也在明顯減少。線上平臺也
好，線上店鋪也罷，沒有流量一切都是白費。

因此，大家產生「消費者都去了哪裡」這樣的疑問一點都不奇怪。
這也恰恰說明了是一個不可忽視的現象，畢竟是關乎企業未來銷售通路
的大事，絕不能掉以輕心。

◎消費者在哪裡，你的通路就拓展到哪裡

如果你有一個好產品卻沒有好的銷售通路，這時你只有兩個辦法：
第一，整合你身邊所有的資源，然後招募一個通路經理，他負責培養一
支團隊，而你負責去全國各地承租門市，尋找店長和銷售人員，耗費巨
大的成本開始銷售產品；第二，如果你沒有很好的通路資源和來源，也
不想耗費巨資，就不如投靠一個通路可靠的平臺，把別人花了好幾年和
無數心血建成的通路借為己用，分攤一部分成本，抱住一棵大樹才能一
路向陽生長。

當然，一個通路是否暢通，是否適合你的產品必須要經過驗證。實
際上，每種產品都要透過各種不同的通路來銷售，就算是線上銷售，也
涉及通路問題，涉及平臺問題。想想看，如果代理商不樂意銷售你的產
品，中間商沒興趣努力銷售你的產品，終端大賣場或者其他終端成員對
銷售你的產品沒有興趣，那你的產品怎麼可能銷售得很好呢？

當一個產品獲得消費者的擁戴時，那麼消費者需要什麼就應該賣什
麼，同樣，消費者在哪裡，你的通路拓展就應該到哪裡。

那誰來為我們提供通路支持呢？這取決於是否有完整的產業供應鏈可配合。沒有配套產業鏈，無異於「畫大餅」、講故事。產品的價格空間大，而且產品還比較好賣，這就構成了通路強勁的銷售動力，但這個動力值仍然是不夠完善的。還要加上品牌的動力賦予，才是比較完整的。

最後一步，所有流程通路都實現以後，還要找到超過一千名種子消費者去測試你的路徑、方法是否可行，避免陷入盲目樂觀。

我們做通路也是一樣，如果通路動力不足，就從上面幾點去找症結所在，不斷改善銷售通路的路徑所在，通路暢通，消費者才能毫不費力地找到你！

【洞察】找到適合產品的「最短流通路徑」

全通路的發展，是科技、經濟、商業的進步使然，消費者「無論何時，無論何地」，買到適合自身商品的時代，已然來臨。因此，全通路打通企業各個通路的客流、資金流、物流、資訊流，基於整體網路布局、物流配送的全通路模式，讓消費者無縫式的購物，打造超越期待的消費者體驗，成為我們與消費者連線的重要方式。

◎傳統商品流通路徑 vs. 最短流通路徑

傳統的商品流通路徑往往是：製造商（M）→總代理經銷商（S）→零售商（B）→消費者（C）。這種流通路徑層級較多，各層級都存在一定的成本、費用以及利潤需求，那麼，從製造商經過層層加價後，最終到達消費者手中，加價率就較高了。消費者很希望直接從製造商手中直接購買，因為加價環節少，更划算。

然而，為什麼大部分行業或者產品又不能實現這種 M2C 的模式

呢 —— 那是因為，製造商的主要精力與使命是產品的創造，沒有足夠的資源與精力去直接服務好每一位消費者。所以就會有總代理、零售商的存在。總代理的價值在於向市場鋪貨，讓產品覆蓋更多市場通路，提升產品的觸及率；零售商的作用與價值在於，直接服務好終端的消費者，讓消費者更滿意。

然而，如有某一種產品，他們砍掉了所有中間環節，直接服務消費者，這種模式叫 M2C，並且有足夠能力實現其產品在市場的覆蓋率，那麼這個模式一定會讓產品銷售如虎添翼。

品牌自行經營電商平臺就是這樣的一種通路模式，消費者直接從品牌電商平臺上購買他的產品，品牌省了傳統通路的中間加價環節，節省了大量的中間費用，這些省下來的空間可以讓利給消費者，也能讓品牌推出更具價格優勢的產品，快速提升銷量及產業排名。

對於最短通路，有兩種極致方式，需要格外關注：

第一，M2C；

第二，C2M。

M2C，就是製造商直接賣給消費者；而 C2M，則是消費者直接向製造商反向訂製：消費者以確定性的需求訂單向製造商下單。比如：產品募資及一些產品預購，就是先有需求，再按需生產供貨。

當然，C2M 和 M2C 這兩種方式是最短的通路交易路徑，所壓縮的成本空間，可以讓利給消費者，就會讓產品的性價比更高，但「C2M 模式和 M2C 模式」不是那麼容易就能做到的，需要藉助科技、資本、人才、時代機遇等多方的因素。然而這告訴我們一個邏輯：要找到適合產品自身的「最短流通路徑」，減少流通環節，將加速產品引爆。

此外，在傳統模式下，消費者只能透過在實體店親身感受商品功能；

在行動網路普及的今天，消費者可以透過傳統媒體比如電視、廣播、報紙、雜誌，不斷湧現的各類新型網路社交媒體，比如當下最紅的短影音、社群平臺以及其他多種通路方式接觸商品資訊。

總之，無論選擇哪一種通路，消費者都是希望自己的需求能夠隨時隨地得到滿足。我們最終都要回歸到服務消費者上。在過去，你開發了一個通路只是為了賣出幾件商品，而今天，如果是你和一群人一起，打通了各種通路，透過全通路將產品賣到世界各地，這其實就等於在你的身後站了一批銷售人員。你開發一個銷售通路，相當於與另外一家公司、一群志同道合的人建立了命運共同體和利益共同體，這也意味著把對方的銷售變成了自己的銷售，而這種管道通路及其背後的力量對你而言才是引領成長、與消費者連線的最大價值。

▎第七問　誰來賣給消費者？

確定了通路以後，誰來幫你賣給消費者呢？

在創業的路上，每個人都想花最少的錢、做最多的事！最好是不費吹灰之力產品就賣出去、成本就收回來了，那可就太爽了！

你可能會想，這怎麼可能呢？那豈不是人人都能賺到錢了？實際上，在今天這個時代裡並非不可能。

只不過，今天的社會太需要合作。因為只有合作你的價值才能放大，只有合作你的價值才能保持長久，但問題是，你要先確定好誰來賣的問題 —— 自己賣還是合作夥伴賣？

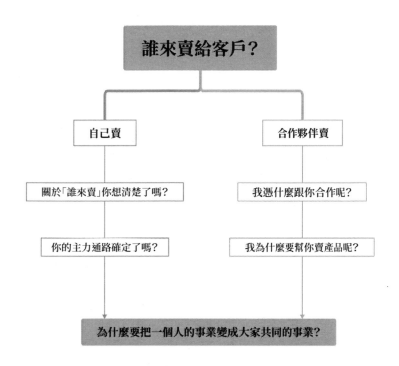

【現狀】自己賣 vs. 合作夥伴賣

　　打造品牌，是一個系統性的計畫，很多人都想建立自己的品牌，但是一個品牌背後不僅僅是物力財力的大量投入，更重要的是人力。我們常說，千軍易得，一將難求。如果你研發出了一個絕世好產品，但是沒有人幫你賣，你一個人也很難把品牌推向全國，打遍天下無敵手。

　　前幾年，隨著微商浪潮湧現，一個人若想成功，要不就建立一個團隊，要不就加入一個團隊。在這個瞬息萬變的世界裡，單打獨鬥只會把路越走越窄，最終被困在一個小角落裡。加入團體的原理是利用團隊的力量來為自己做行銷，無形中我們也在為團隊做貢獻，從而達到雙贏。尤其在當今愈加殘酷的競爭環境中，獲客成本不斷上漲，獲客難度不斷

增加，在市場上求生存，僅憑幾種手段很難有持續良好的效果，更多的是需要團隊作戰。

可見，當今的社會是團隊作戰的時代，再也不能單打獨鬥了，俗話說「一個好漢，三個幫」，沒有合適的好幫手幫你賣甚至你都不知道該怎樣賣產品，在當今社會真的很難成功。

◎誰來賣？很多時候，是你自己沒有想清楚

在前面，我們曾講到零售戰場，上兵伐謀，先勝後戰。很多時候，我們不成功的原因在於在開始做一件事之前，自己根本沒有想清楚，糊里糊塗地就開始了。

下面這個問題，你想清楚了嗎？

誰來賣 —— 自己賣還是合作夥伴賣？

假設你要開一家店，投30萬，你工作了幾年好不容易存了30萬，開一家店，全丟進去，虧了就全沒了。正確的動作是找人合夥，如果找2個合夥人，你只需投10萬，哪怕虧了，你還有20萬在手，不至於死去活來，要是你全投入進去呢？說真的，你很可能活不過3個月，因為沒人敢保證你創業100％能成功。而且多數人虧的原因是，在創業前根本沒有創過業，也就說，還是一個新人，完全沒有創業經驗。一個沒有創過業的人，居然就敢把全部身家投到一家店，你憑什麼認為這件事能成功？而不是倒閉呢？

圖2-5 想清楚是自己賣還是合夥一起賣

　　所以，我們要好好思考一下「誰來幫你賣」這個問題，如果你找直播主幫你賣，那麼就是做直播的模式；如果你找加盟商幫你賣，那麼就是加盟的模式；如果你找直營店幫你賣，那麼就是直營的模式；如果你找微商團隊賣，那麼自然就要用微商的模式，不同的主力通路，銷售模式也是完全不一樣的。（詳見圖 2-5）

　　很多時候，不是沒有人幫你賣，你也不是不知道怎麼賣，而是你根本沒有想清楚，沒有確定你的主力通路是什麼。你今天去找人做直播，明天去找人開直營店，結果哪樣都沒有搞清楚，最後自己陷入一片混亂，失去焦點，浪費了時間和精力。

　　是自己賣還是找人來一起賣，利弊顯而易見。當你想通了這個問題，你說：「那好吧，我還是找人和我一起同擔風險，一起合作吧！」

　　那麼，問題又來了！

　　我憑什麼跟你合作呢？我為什麼要幫你賣產品呢？

　　如果你想找合夥人幫你賣，那麼你後續還要回答「合夥人為什麼幫你賣」這個問題。如果你的回答是因為賺錢才幫你賣，那麼，如果是我，我會告訴你：「我賣個西瓜、賣珍珠奶茶都能賺錢，為什麼一定要賣你的產品呢？」

　　對呀，為什麼一定要賣你的產品呢？

　　如果你能留住一群人和你一起來共事，最後才是怎麼賣的問題。如果你開發了一個通路，找了一群人，結果你還要他自己思考怎麼賣，那麼你八成是不會成功的。

　　可見，「怎麼賣」這個問題很好理解，難的是具體的方法論，別人肯留下來是因為信任你可以為他們提供發展的平臺和空間，最直觀的就是用結果和業績說話，如果產品賣不出去，你找來再多人、再信任你也活不過幾個月。正確的路徑應該是，當你把你的通路架構搭好了之後，先

做幾個示範市場實際測試，你先看看自己的方法、策略是否可行，如果可行你再繼續擴張。至於具體如何擴張、怎麼賣，不同的模式決定了做法的不同，這裡我們不作為重點去討論。

重要的是，我們始終要在思維上保持人間清醒。

走在創業的路上，我相信，每個人都想花最少的錢、做最多的事！最好是不費吹灰之力，產品就能賣出去，成本就能收回來。

你可能會想，這怎麼可能呢？那豈不是人人都能賺到錢了？實際上，在今天這個時代裡並非不可能。只不過，今天的社會太需要合作。因為只有合作，你的價值才能放大；只有合作，你的價值才能保持長久。要知道，一滴水只有放在大海才不會乾枯。一個人只有加入團隊才不會失敗，所以成功者與失敗者最大的區別就是成功者每天想著與人合作，失敗者每天想著拆別人的臺，結果幫助別人的人，自己越來越成功；打擊別人的人，自己越來越失敗。

如果不相信，大家可以觀察一下自己身邊的人，凡是經常誇獎別人好的人，他自己也差不到哪裡去。凡是經常說別人壞話的人，他自己也好不到哪裡去。凡是主動與別人合作的人，他的事業都做得比較順利。凡是總是拒絕與人合作的人，他們的事業難以做大。

其實，當你還在猶豫要不要和有實力的人一起合作的時候，那些大廠企業早已開啟了它們的合夥人計畫。

【思考】如何把一件事變成大家的事業？

很多人認為，現在的老闆是越來越不好當。從基本上來說，是因為在僱傭制的管理機制之下，員工從本質上來講就是在幫老闆工作，而工

作者的潛能並沒有被完全激發，你沒有得力的助手、專業的合作夥伴幫你一起去賣產品，老闆一個人在那喊當然累了。只有員工的潛能最大限度地被解放出來，老闆才能越來越輕鬆。現在許多傳統實體企業都早已開始嘗試管理制度轉型，合夥人制就是企業在轉型過程中的必選選項之一。

一家大型家電企業老闆認為，所謂的成功不過是因為企業抓住了時代的節奏，只有不斷創新和戰勝自我，才能在變化的市場上以變制變、變中求勝。他的企業能夠從虧損成長為營收上億的家電品牌，正是得益於能夠把握時代脈搏、制定正確的發展策略。

多年前他們開始提倡企業平臺化、員工創客化、消費者個性化的改革。企業平臺化就是總部不再是管理單位，而是一個平臺化的資源配置與專業服務組織。並且提出管理去中心化、無邊界，後端模組化、專業化，前端個性化、創客化。具體表現在以下五點。

第一，平臺化企業與分散式管理。

他認為，網路時代的企業，不僅要打破傳統的階層制度，更重要的是要變成平臺，網路就是平臺。原來企業有很多層級，現在只有三類人。這三類人互相不是管理與被管理的關係，而是在創立企業總部時就在朝著資源規劃與人才整合的平臺轉型。企業不再強調集中式的中央管理，而是透過分權、授權體系，把權力下放到最了解市場和客戶的地方去。

第二，自主經營體。

以消費者為中心的模式在這家企業已經推行好幾年了，並且還在不斷完善中。所謂雙贏模式，就是運用會計核算體系去核算每個員工為公司所創造的價值，依據員工所創造的價值來進行企業價值的分享。這種

模式使企業內部形成了無數個小小的自主經營體，員工自我經營、自我驅動。

第三，員工創客化。

在這家企業目前做的就是把員工從僱傭者、執行者，轉變成創業者、合夥人。同時企業內部設立了專門的創業基金，並與專業投資公司合作，支持員工進行內部創業。員工只要有好主意、好點子，公司就可以提供資金鼓勵他成立隊伍去創業，而且員工可持股。

第四，逆向理論與去中心化領導。

所謂「逆向」，就是讓消費者成為變革的「信號彈」，讓消費者反過來帶著員工轉變觀念、提升品質。而「去中心化」，就是企業不再強調「以某某某為核心」，員工只是任務執行者，現在是強調「人人都是 CEO、都是經營負責人」，人人都成為自主經營體，員工也可以去做 CEO 做的事情。管理者則要從發號施令者轉變為資源的提供者和員工的賦能者。

第五，利益共同體與超值分享。

這家企業提出，企業與員工是利益共同體，共創價值，共享利益。員工只要超越了應為公司創造的價值，就可以分享超值的利益。

從他們的變革中，我們可以清楚地看到，由過去主管分派任務到自己主動找「消費者」，從公司發放薪水到自己找「訂單」從而得到酬勞，從被僱傭關係到合夥創業關係。對比傳統的合夥制度，這間企業的合夥制，則是基於新商業規則，回歸到了企業本質的變革與創新，從而凝聚了一批有追求、有意願、有能力的人才組隊打天下，讓員工變成「合夥人股東」，讓一件事變成了大家共同的事業。

【洞察】指數型組織進化論

全球商業太空探索的領軍人彼得・戴曼迪斯（Peter Diamandis）說過：「在當今的商業世界，一種被稱為指數型組織的新型機構已迅速蔓延開來，如果你沒能理解它、應對它，並最終變成它的話，那麼你就會被顛覆。」

那麼，什麼是指數型組織？它跟我們賣產品、要不要合夥有什麼關係？

這要從當今企業的兩種組織類型說起。

◎線性組織 vs. 指數型組織

未來所有的公司都會是指數型成長的組織，加入其中便意味著擁有了未來。而如果你的組織一直處於線性成長的發展模式中，到最後你會發現，成本永遠比你的收入增加得更快，風險係數也會水漲船高。

我們驚嘆於某些品牌的迅速崛起和大型平臺的快速擴張，也好奇是什麼讓谷歌在波詭雲譎的競爭市場裡始終走得穩健從容。其實，不管是哪一間成功企業，它們的成功都離不開冪次律的作用。為什麼我們在這裡要講冪次律呢？因為指數就是冪次律！

在 1920 年，世界 500 強企業的平均壽命是 67 歲；到了 2019 年，世界 500 強企業的平均壽命只有 12 歲。

世界 500 強企業正在變得越來越年輕，這就意味著那些曾經的老牌大公司逐漸被新興公司取代，其間的根本原因就在於傳統的線性思維被冪次律打得一敗塗地。

舉個簡單的搬磚例子：

老王跑到工地上去搬磚，一個小時可以搬 100 塊磚頭。如果他以目前這種速度持續做下去的話，3 個小時他可以搬 300 塊，5 個小時可以搬 500 塊。

老王想，要是一塊磚塊 1 元，老王一天 24 小時不間斷地搬的話，收入是：

$1 \times 100 \times 24 = 240$ 元。堅持個幾十年，老王就是個小富翁了。

這個就是線性型組織的簡略模型，老王搬磚頭的成果隨著他的時間累積成正比。老王的這種思維就是線性思維。

線性組織我們會發現一些特性：等比例成長或下降。它是一種簡單的思考方式。如果你的公司是傳統型組織的話，你會發現它基本上是這種思維比較多。如果這種思維方式去做事情的話，你會發現，天花板遲早有一天會到來，而且時間還不會太晚。

那什麼是指數型組織？

指數型組織是指在運用了高速發展的技術新型組織方法的幫助下，讓影響力（或產出）相比同行發生不成比例大幅成長的組織（至少 10 倍）。與傳統線性成長的公司相比，指數型組織的發展路徑會帶來顛覆性革命。大部分世界 500 強公司，Google、亞馬遜這些知名的公司，都有一個讓人稱羨的共同點，那就是 —— 他們都是非常成功的指數型組織。而傳統的線性組織，其成長方式呈線性，需要大量資源注入，長時間的經營累積，無數人畢生才智和青春的貢獻，才有可能成就一家大廠企業。（詳見圖 2-6）

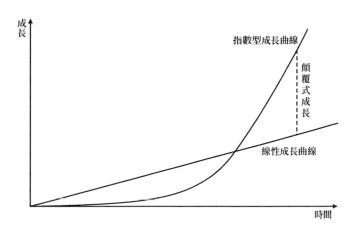

圖 2-6 指數型組織與傳統線性成長的企業對比圖

　　無論是「新零售」還是「傳統零售」，究其本質來看最終目的都在於圍繞著消費者，如何能夠更完美地滿足其需求。而傳統組織的產出往往都是呈線性狀態發展，如果想要增加產出數量，就必須要增加勞動力或生產的數量。然而，指數型組織的出現對傳統線式成長帶來了顛覆式的革命，想要依靠傳統方式獲得組織長遠發展的願景，正在被這個時代快速地衝擊與顛覆。

　　新零售不僅僅是終端消費場景簡單的發生變化為消費者帶來良好的體驗，關鍵是如何支撐這些消費體驗和消費內容，這就需要建構新零售時代下的新型指數型組織。確切地說，就是要將指數型組織與新零售結合起來，以消費者為核心，在產業鏈的各個環節對組織進行顛覆性的改造，以達到對新零售模式的有效支撐。

　　無論你所在的公司是規模成熟的「大廠」，還是處於新零售起步階段的「雛鷹」，無論是傳統企業，還是新興企業，未來企業應該就像是一個透明的組織，像海綿體一樣，可以吸收所有有能力的人。這也是為什麼

我們要合夥，因為我們要找到更多有能力的人來幫我們一起賣，才能聚集能量，才能讓銷售事半功倍，業績呈指數型成長。這種模式也決定了企業要變得極端的透明化，不要隱藏你的弱點、需求和你的能力，反而要把你的能力、你的弱點大方講出來，讓別人隨時可以介入。這樣你的組織才能夠打破邊界，才能夠做大做強。

■ 第八問　如何賣 100 年？

當你弄懂了上面七個問題之後，你也已經走過了一段創業之旅，你是否想過這個問題：我的企業如何做到 100 年？

你可能會說，百年太久，只爭朝夕。

但是，你能不能做到是一回事，而你知道不知道是另一回事。

身為一個企業的老闆，我們思路首先要明確和清晰。「先勝後戰」中的「先勝」，說的就是在創業前要把這些問題反覆推演，最後去實際施行，拿到成果之後，再去進行更多區域的推廣和擴張。

如果你能想清楚這三個問題，也不至於在危機到來時手忙腳亂。

第一件事，你想不想做得久？

第二件事，客戶需不需要你做得久？

第三件事，你還能不能為客戶解決問題？

如果你能回答這幾個問題，你才有資格踏入市場，征戰江湖！

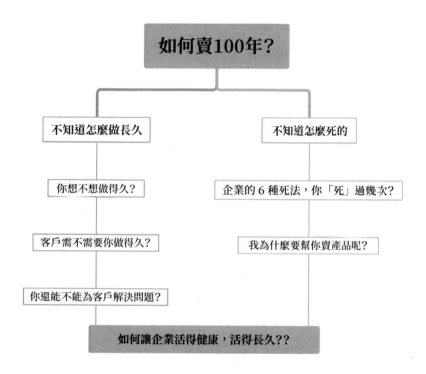

【現狀】不知道怎麼做長久 vs. 不知道怎麼死的

　　投資大亨查理・蒙格（Charles Munger）說過：「如果我知道我會在哪裡死去，我將永遠不去那裡。」企業和我們人類的生老病死一樣，最終都要面對死亡，但死亡不只是一個結果，而是一個過程。差別在於，有人死得早，有人很長壽，這當中的內外因素有很多。相同的是，企業和人一樣，沒有人願意早死，我們創業都想經營得長久，做一家百年企業。然而，大量的企業案例告訴我們，很多企業都會因為自我膨脹、陷入內耗、決策失誤等人為原因而中途夭折。

◎企業經營的四大現狀

所謂人為原因，主要有兩點：第一是不了解企業現狀，所以不知道如何才能做得長久；第二是不了解企業可能存在的死法，所以在經營過程中不知道如何避雷。

現狀 1. 有生意，沒利潤 —— 從早忙到晚，也不知在為誰工作

我的意思是努力工作奮鬥並沒有錯，但如果你覺得自己的生意還不錯，但忙到最後就是沒有利潤，當你的付出與回報不成正比時，那麼你自己就該好好反思一下了。

現狀 2. 有利潤，沒現金 —— 利潤不錯，手裡卻總是沒錢

創業開公司其實是一件很燒錢的事，你在別人的公司工作時是老闆發薪水給你。你創業時，從發薪資到成本投入到處都要花錢，一不小心就可能收支不平衡。如果你覺得自己賺到了錢，但一用錢時就發現好像還是沒有錢可以周轉，那麼你同樣需要好好反思一下。

現狀 3. 投資大，回報小 —— 投資成百上千萬，回報竟交不起房租

當企業發展到一定階段，當你投資了幾百、上千萬，但有一天你發現賺的錢還抵不了房租、利息。那你就要小心了，如果你脫離不了，不能根治這個問題，你可能永遠就上不了岸。

現狀 4. 離不開，無法開脫 —— 企業離開老闆就無法運轉

我見過許多老闆總是把企業和自己混為一談，結果老闆不像老闆，企業不像企業，想做點什麼時發現自己完全脫不了身，企業一旦離開自己就會一窮二白。這樣當老闆，恐怕你只能一個人做到死！

如果你的企業現狀命中了上述幾點，如果你還不改變，我想倒閉是必然的。你現在經營得再好也只是曇花一現，永遠做不大。

【思考】企業的「死亡筆記」你觸碰過哪一頁？

要不做不大，要不做大就容易死，為什麼會形成這樣的局面呢？

在過去的十年裡，我在創業的路上研究過大大小小數千個企業，其中的因素當然有很多。但從本質上來說，可以歸因為老闆不懂財務。開篇我們談到企業和人一樣，人要生存靠什麼？你的意志再堅定，但是生存首先不能沒有錢。企業也是一樣，理想豐滿，現實骨感。做夢每個人都會，但要想讓夢想走入現實，沒有錢也很難實現。你沒有錢還把人拉來跟你一起合夥，那你就是在對人家畫大餅。

再具體一點說，可以總結為：

第一，你的企業沒有全方位的財務制度；

第二，你沒有風險意識；

第三，你沒有數據化思維，都是空想決策。

那企業又為什麼會死呢？

◎企業的六種死法

列夫・托爾斯泰（Leo Tolstoy）有一句名言：「快樂的家庭總是相似，不幸的家庭各有各的不幸。」對於創業這個事其實是反過來的，成功的公司，成功的原因總是不一樣的；失敗的公司，失敗的原因都很相似。

所有的成功都是在特定場合、特定環境下的產物，天時、地利、人和缺一不可。成功永遠不可被複製，而失敗則是可以被避免的！對於創業這件事情來說，如果是能用錢解決的事情，根本就不是什麼大事。

如果我們能提早知道可能導致企業死亡的原因，對於預防和避雷還是有一定意義的。以下創業失敗的這六種死法恐怕涵蓋了 80％以上創業

失敗的主要原因，先介紹這六種死法，用實實在在的痛苦與教訓和大家
分享那些企業為什麼會死在路上？（詳見圖 2-7）

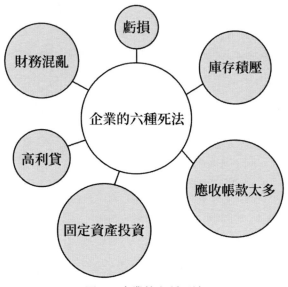

圖 2-7 企業的六種死法

1. 虧損

虧損其實是結果而不是原因，這只是所有創業失敗的 CEO 拿來說的
故事。

創業的失敗最終肯定是因為虧損沒錢，但是這是結果不是原因，虧
損是因為你做的事情不對，是因為你找的人不對，是因為你的產品不
對，還是因為你的行銷不對，或者是你的擴展策略不對，搞到最後沒錢
了，所以，虧損是結果不是原因！

2. 庫存積壓

庫存太多就相當於你把錢換成了貨，貨賣不動自然又要虧損。一間
房地產商資產驚人，但負債也幾乎快跟他的資產打平，它的淨值少之又

少。所以，為了生存，他就必須立即處理存貨，它的存貨就是房地產，於是它打折出售，將房地產變現。

你可能以為，堂堂一家大企業有必要這樣做嗎？

殊不知，十家公司倒閉，九家死於庫存。即便強如蘋果，也曾被庫存積壓拖累，險些破產。

1993 年，蘋果因為筆記型電腦產品 Power Book 的庫存積壓，蒙受巨大損失。

為了避免重蹈覆轍，1995 年，蘋果調低了下一代產品 Power Macs 的生產量。

但出乎意料的是，這款產品上市之後，銷售卻出奇的好。

然而蘋果害怕庫存會再次積壓，不敢加大產量，於是 Power Macs 又出現嚴重的量產不足的問題，再次遭受巨大損失。

當年蘋果的供應鏈管理之糟糕，由此可見一斑。

而且蘋果很多產品都是客製化零件，更是加重了蘋果的供應鏈負擔。不得已，一貫控制欲極強的賈伯斯，最終還是妥協了。他將生產製造業務逐步外包，才在一定程度上解決問題。

3. 應收帳款太多

什麼叫應收帳款？通俗的解釋就是，你把貨交給了別人，但是別人卻沒付錢給你。

4. 固定資產投資

固定資產投資，即你把現金變成了廠房、設備導致固定資產過高，結果也是死路一條。

有兩家同期成立的飲品業者，A 品牌向金融機構融資，投入在市場上，它的生產線都是用租的。那麼租生產線有什麼好處？很簡單，生意

好時就多租，生意不好時就少租，市場實在不景氣就退租。

另一家飲品業者 B 品牌，同樣也向金融機構進行融資，結果它拿到資金後建立了一個大型工廠。

那麼，把同樣的資金投資在市場上容易變現，還是建工廠容易變現？

答案不言而喻，幾年後的某一天，B 品牌被爆出負債累累，最後被強制處分，而同期的 A 品牌則在該產業搶占了名列前茅的市場地位。

可以說，認知決定思維，思維決定行為，而行為決定了結果。

如果我今天創辦我的品牌是用我自己的資產去投資工廠，恐怕同樣早就死掉了。因為工廠每天都要開，工人每天都要付薪資，那如果工廠一旦沒有訂單，相當於全家都會餓死。相反，我把錢投入到市場中，去連結我們的消費者，消費者買的多、訂單多，我就多下單，賣得不好時就少下單。這樣一來減少了大量成本不說，也讓我的合作夥伴們免於一場無妄之災。

5. 高利貸

有些很有信心和野心的老闆，不惜以過橋借貸、銀行貸款等各種高利貸來經營企業。當然，也不是說完全不能借貸，比如企業在面臨危機的生死一線間，但是你要先考慮自己的現狀，如果借貸你能否負擔得起並且保持盈利。此外，借貸與融資不同，就算是三大大廠，如果他們不是融資了幾百億，而是借貸了幾百億，恐怕一年利息都要五十億以上。那他們還怎麼盈利，如何還能上市？

6. 財務混亂

無論是做銀行貸款還是商業融資，都需要企業提供財務報表。但總有一些人試圖鑽漏洞，在財務上弄虛作假。如果能還得起錢還好，否則

就是犯了詐欺罪，那等待你的就只能是牢獄之災了。這點不用多說，無論國內還是國外，不管是企業還是個人，商業犯罪的案例不在少數。

　　事實上，企業的「非正常」死法還有很多，在經營企業這條漫長的路上坑坑洞洞的地雷區不計其數，我們唯有擦亮雙眼，積極發現，趁早規避，才能避免讓自己陷入危險境地，也唯有如此，才能在無數競爭對手中脫穎而出，做得久一點，坐看四季風景，迎來春暖花開。

【洞察】居安思危，讓企業活得健康，活得長久

　　100 歲的企業，18 歲的心臟 —— 這大概是所有企業家的美好願景。

　　但活到 100 歲是說起來容易，做起來難了，更何況是始終保持年輕的心呢。在這個漫長的過程裡，你要打破無數個瓶頸，克服無數種困難。時刻保持心臟的跳動強勁有力，血液流動暢通無阻。在企業的無數種困境中，我想著重提醒各位老闆的是，無論何時，一定要保持企業的財務健康。有一間大型房地產企業的資產負債率只有 20%，但他們的現金比例占總資產的 5% 到 15%，而有一些地房地產上市企業的負債率高達 100% 到 300%，現金流卻一塌糊塗。而企業的財務是否健康，往往決定了它在生死一線間時能否經得起考驗。

◎企業的財務是心臟，資金是血液

　　既然我們都希望活到 100 歲時仍有一顆健康的心臟，那麼，對企業來說，財務就是心臟，而資金就是血液。

　　企業能否健康地生存和發展，因素當然有很多，但在所有的要素中，財務健康是第一位的。放眼全球，百年老店的長壽無不得益於健康的財務體系和財務管理，而那些半路「猝死」的企業則通常是由於資金

鏈斷裂，又沒有辦法繼續融資，只能等死。因此，當許多企業開始參與國際化競爭並將「百年老店」作為發展目標時，提升融資能力、改善財務管控，消除財務風險就成了迫切的任務和頭號難題。

我認識許多從事不同行業的老闆朋友，他們經常提到的創業兩大難，其一是拓展業務難，其二就是管理財務難。甚至很多人沒有倒在產品上，也沒有栽在競爭中，最後反而陷在了財務的泥潭裡。尤其是很多初創企業的老闆，他們甚至連財務報表都看不懂，就更別提掌管大局，應對危機了。

也曾有一些老闆邀請我去到他們的公司，幫他們診斷財務問題。

其實，要想診斷一家企業的財務是否健康，用下面這 3 點去檢驗就足夠了，大家不妨自己檢查一下。（詳見表 2-1）

表 2-1 檢驗企業財務是否健康的三個標準

你的企業財務狀況是健康的嗎？	
看現金流	有錢沒錢，錢從哪裡來
看營利	賺不賺錢，靠什麼賺錢
看老闆	有沒有想法，有沒有能力

透過這三點，我基本就能看出企業在財務方面的問題。其實市場上不乏那些明知財務管理重要，卻始終不加以重視的管理者，尤其是中小企業，很多老闆都把行銷放在第一位，認為只要有業務，就有資金入帳，有了資金就能繼續擴張。

的確，沒有市場，企業將無法生存；沒有管理，企業就會失去競爭力。

但如果不重視財務，企業遲早會面臨許多危機。例如，開發計畫時從來不規劃預算，因為一開始帳上有錢，花起來混亂無序，最後資金緊張時，自己都不知道資金鏈是從哪裡開始斷裂的。再比如，公私不分，將自己的財產與企業的資產混淆；資金利用率低下；遊走在稅法的灰色地帶，試圖鑽法律的漏洞，甚至做低利潤、做陰陽合約、偽造單據、買賣發票……

殊不知，這是非常危險的訊號。唯有居安思危，才能避免資金鏈斷裂的陣痛，減少損耗，讓企業沒有負擔，快速執行。

冰凍三尺非一日之寒，成功不是一蹴可幾的，負債的增加也是逐年累月的。無論是企業還是個人，既不能「暴飲暴食」，也不能「過度節食」，唯有「合理飲食」才能有效保證身體和心臟的健康，就算活不到 100 歲，但至少可以盡力活得健康，活得長久！

PART3

精準獲客：八部心法，成就消費者

從商業思維到商戰思維，使你了解到商業競爭的殘酷。當你從思維實行上升到精準獲客這一更高的層次，它的殘酷性就無情地顯現出來了。到最後你會發現，商戰就是一場你死我活的鬥爭。

你最好不要總想著立刻成功。因為你所謂的「策略」，有可能只是空想決策時的焦慮情緒。

很多人說，不做點什麼就覺得自己「不作為」。殊不知，在沒有戰略之前的胡亂作為，往往是牽一髮而動全身，一動就變成了「不作死，就不會死」。

《孫子兵法》中的「計」，是指計算敵我雙方，就像企業策略中的SWOT 優劣分析法一樣，先進行比較，再考慮要不要征戰，如何作戰。

第一，「道」 —— 恩信使民。

第二，「天」 —— 上順天時。

第三，「地」 —— 下知地利。「天」和「地」說的都是時機，做一件事符合時機才能成功，時機不對就按兵不動。

第四，「將」 —— 委任賢能。比較雙方的將帥誰更厲害，沒有將領的團隊也沒有戰鬥力。

第五，「法」 —— 軍法法治。人和為本，然後修法，因為法令嚴明，令行禁止。有所為有所不為，才不會導致混亂。

可見，任何交戰都是需要一套系統戰略的。來到第三部分，我們就是要用對應的戰法 —— 「天龍八部」來解決第二篇中對應的八個問題。並且，每一部中都有一個對應的法則來指導我們的戰法，這樣我們就能在今後其他領域的實踐中「乃為之勢，以佐其外」、「勢者，乘其變也」。這裡的「勢」是形勢的勢，也就是說，在任何戰場上，都能根據形勢的變化趨吉避凶，見機行事，化不利為有利。方能不戰而全勝，最終抵達未來。

獲客心法 ── 成就消費者的八個策略

透過前面的八個問題，相信大家已經讀懂了消費者，並透過問題後的思考和謀算加深了對問題的理解。接下來，我們就要開始用思想指導行為，將八問應用於實踐，在獲得消費者後，再拓展通路，最後強化平臺。

第一部，消費者 ── 鎖定靶心。

在弄清楚第一個問題 ── 你的產品賣給誰之後，你就要想辦法精準鎖定靶心，也就是你的消費者。鎖定了消費者之後，還不要高興得太早，更不要天真地以為你可以把產品賣給所有人。世界上所有的產品，都是滿足一部分人的需求。這裡的「一部分」可以是一群人，可以是一類人，也可以是一個地方的人。

究其本質，手機品牌服務的是企業家族群、年輕族群等一群人。退火飲料是賣給吃麻辣火鍋的人，以一個地方的火鍋店開始延伸目標族群；而我們的近視防治品牌同樣是服務想要防治近視的族群。不可能滿足所有顧客的需求，也不能滿足顧客的所有需求，我們能做的就是聚焦目標客戶的核心需求，比競爭對手提供更有價值的產品和服務，才有可能獲勝。

第二部，洞察 ── 核心需求。

透過第二問，我們了解到消費者之所以買，是因為我們洞察到了行業需求。人們餓了想要吃飯，所以才有餐飲業；人們追求好吃，所以才有了各式各樣的多元化菜色；人們追求更高品質的就餐環境，所以誕生了越來越多的體驗感極佳的網紅餐廳。這就是需求，第二部將告訴你怎麼洞察那些不易被察覺到的隱性需求。

第三部，價值 —— 非買不可。

洞察了需求以後，要想讓消費者心甘情願地、迫不及待地非買你的不可，我們就要為購買提供充足的理由。這個理由你想不想得清楚，就決定了後面你說不說得明白。購買理由不是知識，不需要為消費者灌輸知識，說到底，要想與競爭對手的品牌進行有效區隔，就要為消費者提供獨一無二的價值。

第四部，信任 —— 一秒突破。

當產品有了可供傳遞給消費者的價值，下一步就是要讓消費者相信你，這是一切成交的開始。

第五部，行銷 —— 有效廣告。

產品再好，消費者再信任你，如果消費者不知道你的產品，那麼他們永遠不可能購買你的產品，也就是說我們作為產品的供應方的首要任務就是讓買家看到我們的產品。

為什麼全世界的人都知道了可口可樂，它還要做廣告？因為它不僅要讓消費者知道，還要不斷加強認知，加深消費者的印象。只有持續行銷形成持續認知，才能激發消費者的欲望。

第六部，通路 —— 購買場景。

同樣的道理，消費者有了購買欲望後，你還要讓消費者能第一時間找到你，用最簡單便利的方法下單，有了這一購買場景才能最終形成交易。對消費者而言，「方便是永恆的需求」，永遠不要嘗試考驗消費者的耐心。

第七部，將領 —— 合夥雙贏。

做企業，特別是連鎖企業，人才是必不可少的。

一滴水只有滴進大海，才不會乾涸；一個人只有加入一個團隊、一

個平臺、一個企業，才能有更長遠的發展；同樣，一個老闆、一個組織只有擁有優秀的合作夥伴，才能把市場這塊蛋糕越做越大。「欲治兵」必「先選將」。

第八部，持續 —— 一生一世。

每個人在創業之初，都是朝著百年老店的目標前進的，沒有人願意在大浪淘沙後，不幸地被拍死在沙灘上。也沒有人會嫌棄自己的企業活得健康、活得長久。但究竟怎樣讓自己辛辛苦苦打來的天下、建立的基業持續一生一世，這往往取決於內外兩大因素。第一，市場外部因素，也就是行業始終需要你，你始終能滿足消費者的需求；第二，企業內部因素，企業內部不要犯錯，至少要少犯錯。

雖法有定論，兵無常形。但流水不爭先，爭的是滔滔不絕。善終比善始重要 100 倍！無論你今後是做大事業還是做小本買賣，都離不開消費者。因此，留住消費者，堅持長期主義，贏得消費者的心才是商道的終極追求。

▍第一部　消費者 —— 鎖定靶心

問題回顧：你的產品賣給誰？

早期中國的餐飲業有一個「大酒樓」模式，這個模式把各地菜系一網打盡，什麼類型的消費者來了我都能滿足，但這種模式最後全軍覆沒。突然出現了一種全新的模式叫湘菜館、川菜館等專業菜系，結果受到消費者的喜愛，因為消費者選擇的就是專一菜系。

也就是說，如果第一顆釦子扣錯了，後面所有的都會偏離，再好的商業模式最後都要透過消費者變現。

一但盲目動作，沒有結果，江山就打不下來。

所以，過去做商業最大的錯誤，就是沒有想清楚自己服務的究竟是誰，那些做大而全的企業漸漸都消失在了時代的洪流中。

今天很多人都存在一個心態，就是自己想做又害怕，於是一邊踩煞車一邊踩油門，干時不能全力以赴，不幹又不甘心。

這主要是因為我們大腦當中沒有一套完整的思維體系，能夠一眼洞察到問題的本質、鎖定靶心。記得《教父》（*The Godfather*）裡有句話，說的是三年能看到本質的人和一分鐘能看到本質的人，兩個人一定是兩種人，他們的命運絕對不一樣。

你想成為哪一種人？

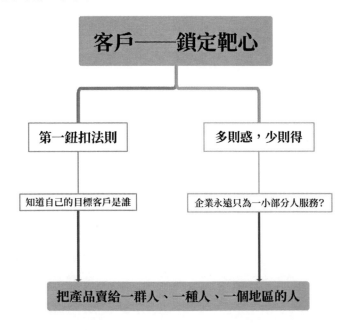

【法則】「第一鈕扣」

攻城要先找到戰場，打靶要先找到靶心。精準地找到你的消費者是成功獲客的「第一鈕扣」 —— 你只有找到這顆鈕扣並扣對位置，才能確保接下來的銷售順利進行。

◎鎖定消費者的商業法則 —— 第一鈕扣法則

所謂「第一鈕扣」，意思是說如果你的第一顆鈕扣扣錯了，那麼後面所有的鈕扣就都錯了，哪怕你扣得再好也沒有用，因為調整要耗費的成本很高。應用在商業中，賣給誰就是「第一鈕扣」，唯有清晰、精準地知道自己的目標客戶是誰，接下來你圍繞消費者做的所有事才是有價值的。「第一顆鈕扣」一旦有偏差，那你前期的所有付出都會付諸東流成為沉沒成本，即便是千方百計得到了第一位消費者，但由於這位消費者本身就不在你的目標群體中，他很快會成為你的過客而難以轉化為老消費者，你起初得到的也將成為過眼雲煙。因此，你必須非常理性地確定你的「第一個釦子」有沒有扣對，否則所有的動作都是浪費。

第一鈕扣法則中有兩個角色：鈕和扣。鈕代表你的產品，扣代表消費者和他的需求。第一個扣好的扣子代表著產品穩定的消費者價值，這是你產品的價值原點，也是一切的起點，有了這個1，後面才可能新增無數個可以增值的0。

但是第一個釦子扣好的要求並不簡單，因為它需要具備穩定性，可模組化，否則後面的模式和營運以及任何設計都將失效。一個釦子可以錯開套進任何一個其他的扣眼，一個釦眼也可以扣進任何不同的扣子，但是你必須非常清楚的是：一個鈕和一個扣只有在一個位置才是最匹配的。

類比到商業裡，就是說一個產品可能會滿足很多消費者或消費者的很多種需求，一個需求也可以透過很多種不同的產品達到滿足。然而，只有一個產品和一個需求在某一個具體的場景（位置）中搭配是最具效率和最具價值的，因為成本最低、回報最好，並且可以保障重複實現。

　　舉個例子，在疫情期間，N95口罩在新冠病毒傳播的場景中配合個人防護需求時是最具效率和價值的，因此導致了供不應求並漲了價。但疫情之後，口罩這個產品就只能換一個防護場景，對應的需求也會完全變化，價值自然不如當前。所以如果你此時研發一個完全相應的防治新冠病毒的口罩，那麼疫情之後這個用量可能就是大問題，不但有可能賺不到錢甚至這個產品都沒有了用武之地。這種情況就是場景的不穩定性導致的需求動態的失衡，就會使得你所選擇的計畫或產品變成一種風險。

【實現】消費者因行業而來，因企業而留下

　　當你精準地扣對了「第一顆鈕扣」以後，接下來還要想辦法不要讓釦子掉下去。

　　在今天這個資訊大爆炸的時代，各種資訊鋪天蓋地，企業的推廣資訊也很容易就會被覆蓋，所以對於現代企業的發展來說，離不開消費者的支持，但如何留住消費者就成了必須要考慮的一個問題。

◎消費者因為行業而來，因為企業而留下

　　消費者因行業而來，這裡的行業是指行業趨勢，看一個行業的趨勢，就看這件事對人們的價值（幫助）到底有多大。

　　例如，行動支付剛上市時，那時那時人們就告訴你出門不用帶現

金，你可能不會相信，但是如果真的可以實現出門不帶現金，這對消費者來說其實是非常方便的。反過來，對於企業而言，只要價值足夠大，那麼被消費者認可這一天遲早會來臨，這就叫做趨勢。

曾經有健康調查結果顯示，孩子的近視率隨著年齡階段逐漸升高，如果不早點對我們的孩子做近視防治，意味著未來有越來越多的孩子會成為近視。

孩子一旦近視，不但影響他的生活和學業，還會影響他的健康和事業，但是由於近視防治的觀念缺乏，讓很多家長根本不知道原來近視是可以調理的，以下三點原因，導致近視人口不斷增加：

第一，家長不知道孩子近視，缺乏對孩子的陪伴和觀察，孩子在青少年時期近視不被家長發現，錯過了近視最佳控制介入時間，從而讓孩子近視越來越嚴重。

第二，家長不相信近視可以透過物理調理得到改善，因為現在鋪天蓋地的新聞都說近視是不可逆的，所以家長不選擇為孩子控制近視，而是為他戴眼鏡。

第三，家長不重視孩子的近視問題，很多家長認為近視現象無足輕重，近視戴眼鏡就好，所以不會對孩子的近視問題過多干涉。

可是很多家長卻不清楚，孩子眼睛看得見和看得清楚，意思相近卻結局不同，看得到和看得遠一字之差，但差之千里。

面對當下日益嚴峻的青少年近視問題，市場上也有相當多企業加入改善視力的陣營，眼罩、視力保健、雷射手術、OK 鏡等產品層出不窮，眼鏡行業也被人們冠以「超暴利」的行業，但是各位家長又不得不選擇，大家都知道眼鏡一戴就是一輩子，近視度數還會加重，長期壓迫鼻梁甚至影響孩子正常發育，手術後遺症更是不可逆轉。

對此，有一個問題始終縈繞在我的腦海 —— 有沒有一種安全有效的視力控制手段呢？

基於此，我想我不僅要創立一個品牌，打造一款又一款極具顛覆力的黑科技產品，同時我更要扛起這份社會責任，力爭與無數個中小學合作，加強學生的近視防治公益宣傳，提升學校和家長對近視問題的認知。

就這樣，我和團隊經過多年研究，用科技力量達到「對焦訓練」的方法，裝置可以自動辨識個人眼睛狀況並進行訓練。這樣的產品具有三大優勢：第一 —— 有效，有效提升裸眼視力；第二 —— 安全，自然物理訓練法，無副作用；第三 —— 簡單，操作方便，簡單易學。

近年來，經過研究調查我們發現消費者市場極為龐大，這就是我們這個行業的趨勢所在，消費者會因行業而來，來了之後會因為我們提供的價值而留下。

同理，電動車之所以會成為趨勢產業，是因為它更省油，不用加機油，幾乎什麼都不需要，只需要充電就可以，這是它的產業價值所在，就算它現在還有很多問題，但依然是未來趨勢。可見，歷史的車輪滾滾向前，重要的是你要找到大道之所在，消費者的需求早晚都會被解決。最可怕的是你把什麼都做得很好，但是消費者不需要你。因此，我們講的商道是策略和戰術，是價值觀，是你到底代表誰的利益。

為什麼直播電商今天會這麼火？因為直播電商是代表消費者的利益，例如，大家都想買東西但是拿不到最低價的，電商直播就相當於團購，一群人組隊用最低價格去購買，商家則相當於薄利多銷。

【實現】鎖定一群人、一類人、一個地方的人

　　鎖定了消費者之後，還不要高興得太早，更不要天真地以為你可以把產品賣給所有人。世界上所有的產品，都是滿足一部分人的需求。世界上沒有滿足所有人需求的產品。所以，我們不可能滿足所有顧客的需求，也不能滿足顧客的所有需求，我們能做的就是聚焦目標客戶的關鍵需求，比競爭對手提供更有價值的產品和服務，我們才有可能獲勝。

　　一個產品之所以會出現，是因為有一部分人提出了這樣的需求，所以就開發出一款產品來滿足需求。當然，這個產品往往是小眾的，不能滿足所有人或者是大部分人的需求。如果這是一款十分成功的產品，那麼周邊的一些人也會覺得挺好用，然後就會慢慢地用起來。隨著消費者越來越多，產品也要不斷更新，以便滿足更多人的需求。如果一切順利，這款產品可能會滿足絕大多數人的需求，也就是成了膾炙人口、廣泛傳播的產品。

◎多則惑，少則得 ── 企業永遠只為一小部分人服務

　　你必須要服務一群人或者一類人，或是一個地方的人 ── 補鈣飲料，孩子愛喝是天性，它賣給的是孩子；無糖氣泡飲，健康 0 糖 0 卡等都是賣給一群人、一類人。企業只能為一小部分人服務，因為商業本身是滿足消費者的需求。你服務的人太多，怎麼能滿足所有人的需求？我們只要把一群人服務好就夠了！

　　不同的市場，服務的族群不一樣，方法也就不一樣。今天，我們的市場主要分為兩種：

　　第一種，存量市場 ── 掠奪（殺敵）模式。

　　第二種，增量市場 ── 滿足模式。

基於這兩種市場，我們就可以進一步精準鎖定消費者群體。首先，將消費者分為三大類：

1. 一群人（手機是要賣給一群人）；

2. 一類人（麻辣鍋賣給喜歡吃火鍋的人）；

3. 一個地方的人（地區特色口味就是賣給一個地方的人）。

總之，市場需要細分，消費者需要精準，對手需要區隔。

那麼，如果你的生意已經做了一段時間，怎麼精準地找到消費者呢？

1. 回頭看老客戶

分析你的老客戶，根據消費金額和消費頻率對他們進行劃分並進行描繪，找到一群人、一類人、一個地方的人，看看自己在哪一群人做得最好，看看自己究竟在哪一類人做得最好，看看自己在哪一個地方做得最好。

2. 尋找老通路

觀察自己之前是在什麼通路裡將產品賣給誰，然後再去找到一群人、一類人、一個地方的人，鎖定對手和戰場，然後找到靶心，開始進攻！

■ 第二部　洞察 —— 核心需求

問題回顧：消費者為什麼買？

我在電商平臺買東西有一個感覺，商家對消費者重視，服務相對較好，因為網路公司只有消費者。但是光服務消費者還不行，幾年前，一個 A 品牌的多元化是以提升自己的業績為中心，結果銷路不順，反觀另一個 B 品牌的多元化則是以滿足消費者的需求為中心。比如曾經有消費

者向 B 品牌反應市面上的插座都太醜了，B 品牌立刻就重新設計了一個插座，有價值又好看，逼迫相關的業者不斷地去改革，帶動整個產業發展進步。所以，滿足消費者的需求是亙古不變的商業鐵律，也是創業者必須堅守的常識。消費者並不在乎你是單一或多元，而在於你這裡是否有他們真正需要的產品。

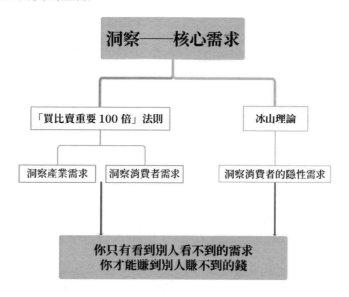

【法則】「買比賣重要 100 倍」

在第二問中，我們找出了消費者為什麼買這個問題。其實，過去我們都在研究賣，幾乎沒有研究過買。

據我觀察，很多老闆做生意，一旦規模做大了一點，就開始遠離消費者，再也不和消費者打交道了，因為對他來說已經沒有當初的銷售壓力了，殊不知，買比賣重要 100 倍。

如果你都不在意你的消費者了，你還能洞察到他們的核心需求嗎？

◎未來的老闆應是消費者研究專家

要想解決消費者為什麼買這個問題，首先你必須要深入研究消費者，你只有看到別人看不到的需求，你才能賺到別人賺不到的錢。

開篇我們就講商戰思維，我們在開打之前一定要先搞清楚對手。同理，經營企業、做生意最怕沒有需求和市場。因此，我們一是要洞察行業需求，二是要洞察消費者需求。

第一，洞察行業需求。

在前文我們提到，如果你所在的行業是有價值的，那麼消費者自然會為你而來。

股神巴菲特有一句名言：「人生就像滾雪球，只要找到溼的雪，和很長的坡道，雪球就會越滾越大。」──這就是巴菲特最著名的「雪球理論」。他用滾雪球比喻透過複利的長期作用實現巨大財富的累積，雪很溼，比喻年收益率很高；坡很長，比喻複利增值的時間很長。巴菲特認為，如果想在股市中進行財富滾雪球，那麼你所投資的企業，必須也具備長長的坡和厚厚的雪。

洞察行業需求也是一樣，你一定要進入一個厚雪長坡的賽道。智慧型手機、外送平臺、通訊軟體誕生以後，簡訊、電話、行動答鈴業務幾乎全軍覆沒；而行動支付紅了之後，使用現金的比例有所下降。可見，我們一定要找一個適合「滾雪球」的賽道去打。

第二，洞察消費者需求。

殺掉對手不是最終目的，我們最終的目的是留住消費者。所以，不僅要精準鎖定消費者，還要深挖消費者的核心需求。

集團品牌的產品生態鏈其實是賣給品牌的「粉絲」。為什麼「粉絲」會成為忠實消費者？因為它徹底征服了消費者。無論是在品質、價格方

面都贏得了消費者巨大的信任，最後消費者變成了忠實粉絲，於是不斷幫助粉絲做產品 ——「粉絲」需要什麼集團就生產什麼，不是集團要做這些產品，而是它的「粉絲」們需要，於是不斷有「粉絲」成為老消費者，集團則不斷地服務好老消費者，這樣循環往復，就會形成集團的健康生態。

在未來，有粉絲且能不斷滿足消費者需求的企業，就是那些能夠活下來並且活得好的逍遙自在的企業。也只有這樣的企業，才有機會與消費者建立一生一世的朋友關係，因為別人無法輕易搶走你的消費者，就不能輕易把你幹掉！

【實現】運用冰山理論洞察消費者的隱性需求

如果有一天，你的朋友突然問你：「你看我穿這件衣服怎麼樣？」你會如何回答？

還記得第二問中，我們分析過的洞察需求就是洞察人性嗎？人性決定了我們都渴望得到他人的肯定與讚美。所以，這個問題的背後，其實是你的朋友希望獲得讚美而不是想要聽你說「這衣服不怎麼好看」或是「這件跟你不配」等評價。即便這評價是很有建設性的，朋友也未必喜歡聽。

可見，消費者需求只是表象。一個人表面的需求下面往往隱藏著更多的隱性需求。甚至連消費者自己都不知道自己的隱性需求，這就需要我們不斷地洞察和挖掘。如果說找到了消費者的需求，讓你有幸活了下來，但充其量只是活下來，如果你想要活得更好、更久，就要不斷破解潛藏在「冰山」下面的隱性需求。

◎洞察更多隱性需求，提供超預期的產品、服務和體驗

　　需求按照顯露程度，可分為顯性需求與隱性需求。顯性需求是指消費者能夠清楚描述的、可以主動提出的需求。比如，消費者會說我想要一支通話品質更好、音質更好、拍照更好的手機，我想要一部更省油、更安靜、啟動速度更快的汽車。

　　隱性需求是指消費者沒有直接提出、不能直接講清楚的需求。比如，消費者在傳統手機時代，不會主動說我要一支能夠上網的觸控智慧型手機，但消費者是有這個潛在需求的，消費者會追求一切更便捷、更豐富、更強大的新產品。

　　再比如，消費者努力存錢，分期買了輛入門級賓士，他會講賓士車子好、品牌好，但他很少會講開賓士出去，看起來風光有面子。但其實他對車子的配置根本不懂，最主要是覺得開賓士能讓人高看一眼。

　　可見，需求像座冰山，露出水面的 1/7 是顯性需求，藏在水面下的 6/7 是隱性需求。很多時候顯性需求並非消費者的真實需求，消費者沒有講出的隱性需求才是真正的需求。（詳見圖 3-1）

冰山理論

圖 3-1 冰山理論

有一家網路書店的客服接到一位客戶的投訴說，「我買的圖書頁面有破損，我要退貨」。試想，如果你是這名客服人員你應該怎麼做？

第一，直接退貨。

第二，查清楚破損原因，確定清楚責任後再視情況處理。

選一還是選二呢？這名客服都沒選，而是問了客戶一個問題「這本書是您自己用，還是送人？如果是您自己用，在不影響閱讀的情況下，我們可以補償您 50 元的折價券。如果是送人，我們願意免費給您寄出一本新的」。最後，消費者並沒有退貨，而是接受了 50 元折價券補償。

從這個案例可以看出，消費者的真實需求並非退貨，而是希望得到商家的重視和安撫。退貨是消費者提出來的顯性需求，而得到重視和安撫是消費者的隱性需求。這也是消費者為什麼會買的本質 —— 冰山上面的需求我們都看得見，都看得見的只不過是同質化的需求罷了，我們要看到冰山下面的需求，才能不斷給消費者驚喜。

那麼，如何才能洞察到那藏在水下的 6/7 的隱性需求？

最根本的還是要站在消費者角度，發現消費者所遭遇的潛在問題和麻煩，從問題和麻煩出發，就可以還原出消費者潛在的隱性需求。

具體思路有以下三點：

第一，還原消費者的使用過程及細節。

有一個銷量十分好的保健品牌，它的創辦人曾說：「行銷前要徹底了解你的消費者需求。這個需求是心理需求，而不是表面需求，要下一些功夫才能發掘出這個需求來。」

比如當時該保健品的消費者以中老年人居多，為了釐清他們的心理消費需求，這間企業的老闆就去公園跟他們聊天，結果發現他們想要這個產品，但自己卻捨不得花錢買，反而期待子女可以買給他們，這樣他

就發現，原來要廣告的對象不是這些老年人，而是他們的孩子，公司的廣告就要做給願意花錢的兒女們看。

第二，洞察現有消費者對產品有哪些不滿。

你的現有消費者是對你的產品最為了解的群體，產品哪些地方好，哪些地方不好，哪些地方他們特別不滿意？這些重要資訊，你的客戶是最了解的！透過對他們的研究調查（線上、線下問卷、小組焦點訪談、一對一聊天訪談等市調方式都可以），可以有效發現隱性的需求。

拿我自己平常辦公時用的產品遇到的問題來舉例，Thinkpad 筆記型電腦在螢幕關閉後喚醒時間長，我按過喚醒鍵後，需要等待 5 秒以上，而且過程中沒有任何提示，我等得很焦慮，會懷疑電腦究竟有沒有被喚醒；在文件中輸入時，按下大寫鎖定鍵，一個大大的鎖定鍵字母 A 會出現在螢幕下方正中間，會遮擋住文件一部分，經常會影響正常輸入。如果這款產品能有所改進，我的滿意度會提升。否則，我會換用其他品牌同類產品。

第三，洞察你的老消費者為什麼不理你了。

消費者選擇某個品牌的產品，是投入時間精力金錢篩選後做出的選擇，是付出了不小的成本的，一般情況下大多數消費者是不願意再找麻煩換其他品牌的。但現實是很多品牌的老消費者流失率很大，老消費者流失有很大原因是因為消費者隱性的真實需求沒得到滿足，或者消費者的要求改變了，而我們沒有及時發現。

在我們家社區附近，有一家漫畫咖啡廳，可以在裡面看書，談公事，辦公，喝茶喝咖啡，開業第一年生意還不錯，也發展出了不少會員老消費者。但一年後，來的客人卻越來越少，生意越來越冷清。老闆想了不少辦法，提高飲品及食品的品質及分量，並調低價格，更換更有品

質的桌椅，採用全程微笑服務等。可是這些都沒什麼用，生意依然一天不如一天。

老闆百思不得其解就調閱了會員資料庫，做了消費者市調。問他們為什麼不願意來了，後來才從消費者口中得知，在距離住宅區比它遠 1 公里的地方，新開了一家漫畫咖啡廳。而他們去那邊的原因，並不是因為對漫咖環境、飲品食品品質等不滿意，而僅僅是因為新開的那家漫咖是早上九點開門營業，而他們家漫咖是十一點才開始營業。

而在工作日去漫咖一坐一整天的人，有很多是自由職業者或剛開始創業的草根創業者，他們需要像正常上班一樣，九點就開始工作。

看來以前消費者之所以選你，可能是因為在行業裡還沒有出現你的競爭對手，消費者根本沒得選，只能去買你的產品。可是一旦有比你更好的產品或服務誕生，就算購買的地點稍遠了一些，消費者也願意隨之而去。

【實現】父母為什麼為孩子購買近視防治服務？

根據前面的法則和冰山理論，我們來簡要分析父母為什麼願意給孩子購買近視防治這項服務，從而進一步論證「消費者為什麼會買」這個問題。

◎消費者為什麼會買近視防治服務？

第一，可以預防近視。

第二，可以控制孩子近視度數的升高。

第三，可以提升孩子的裸眼視力。

根據世界衛生組織報告，如過不提前預防，到了 2050 年，全球估計將有 50 億的近視人口。

然而，我們發現，現在很多家長依然很無知，孩子每長高十公分，他的眼軸就會增加一公釐。眼軸每增加 1 公釐，近視度數就會增加 300 度。如果一個孩子 9 歲時近視度數是 100 度，一年增加 50 度，那麼等到高中畢業就增加到了 550 度。而你會發現，孩子的眼鏡厚度越來越厚，因為近視是不可逆的，除非人為控制和介入。

最關鍵的是，孩子一旦近視，由於看不清楚黑板，只能佩戴眼鏡。或許剛配眼鏡時能看清楚，但隨著近視度數的增加，會越來越模糊，直到看不清楚，只能再換一副鏡片。

第一，戴眼鏡預防不了孩子的近視，更無法從根本上解決問題，一旦佩戴眼鏡就是一輩子的事。

第二，孩子驗光發現眼軸變長，不少家長給孩子選擇透過角膜塑形鏡的擠壓讓眼睛回縮，就相當於古代女人裹小腳一樣，控制眼軸的增加。但市面上一副角膜塑型片要價不斐，且有使用時間限制，同樣是治標不治本，只能控制，花費太高。不僅如此，孩子在夜晚長期佩戴眼鏡，眼睛很容易感染。

第三，為了根治，還有一部分家長為孩子選擇了雷射手術，但卻有後遺症等併發症的風險。

第四，回到最原始的視力保健，效果差，價格貴，店面形象也比較差，孩子不願意去，根本堅持不了幾個療程。

基於這個現狀，我們進一步洞察消費者隱性的需求。為消費者研發了一套預防近視、控制視力度數、提升裸眼視力的整體解決方案。

1885 年，世界著名的眼科學家威廉・貝茲（William H. Bates）發現，視力問題是由眼球緊繃導致的，透過調節眼球水晶體改變形狀，用放鬆眼球的方法可以使屈光不正消失，從而摘掉眼鏡，恢復視力。透過

貝茲理論，我們得知，水晶體變形後透過訓練睫狀肌的彈性來恢復水晶體的彈力，從而提升你的裸眼視力，這套理論早在 137 年前得到證實。就好比一個胖子最安全的減肥方法是運動，所以在長達 137 年中貝茲訓練法幫助很多人恢復了視力。但由於每天要訓練半個小時，讓眼睛聚焦，大部分孩子無法持續，導致這個方法並沒有普及。

為了讓有效的方法繼續延續下去，讓孩子能夠更輕鬆地進行視力提升訓練，我們沿著這個思維去研發產品 —— 源於貝茲，基於科技，成於智慧，基於貝茲理論和科技創新，對孩子的眼球進行對焦訓練，從而提升孩子的裸眼視力。並且大幅縮短訓練的時間。緊接著，我們用了三年時間，透過上萬個有效的案例證實了這種訓練的有效性，這就是父母願意為孩子購買我們這個品牌的真正意願。

找到消費者需求不算終點，強化你推薦的產品能夠滿足消費者的顯性和隱性需求才是關鍵。隱性需求是處於無法表述或尚未明確的潛意識中，具有不明顯性、延續性、依賴性與互補性、轉化性等特徵，顯性需求的答案是一個明確的標準答案，然而往往隱性需求才是消費者真正想要的答案。

▋第三部　價值 —— 非買不可

問題回顧：消費者為什麼非買你的不可？

在第三問中，我們講到，所有的產品都應圍繞一件事，就是為購買提供充足的理由。這個購買理由可以是功能訴求、情感訴求、文化訴求

等。找到了非買不可的理由，就知道消費者為什麼願意買單。這個理由你想不想得清楚，就決定了後面你說不說得明白。購買理由不是知識，不需要對消費者灌輸知識，說到底，要想與競爭對手的品牌進行有效區隔，就要為消費者提供獨一無二的價值。

在任何一個領域中，大部分資源都被排名前幾位的組織或者個人所占有，而且越是排名靠前，占有資源的比重就越大。通常，第一名與第二名的差距，會遠大於第二名與第三名的差距，而第二名與第三名的差距又遠大於第三名與第四名的差距，以此類推。「第一勝過更好」是現實，也是我們應努力抵達的目標。

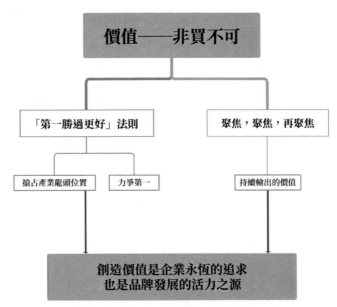

「第一勝過更好」法則

身為消費者，消費者的心理空間是非常有限的，他只能記住一個產品的一個最主要的功能，同一個功能的產品，對排名第一的印象最為深刻。所以，做品牌要不爭做唯一，要不就做第一。然而，把自己的產品

做成家喻戶曉的品牌，只是大多數老闆一生的夙願，卻難以實現。

西元 1897 年，義大利經濟學家帕雷托（Vilfredo Pareto）在 19 世紀英國人的財富與收益模式的調查取樣當中，發現了一個規律：大部分的財富和社會影響力，都來自占總人口 20%的上層社會菁英，並因此提出了一個社會學概念，叫做帕雷托法則，又叫 80/20 法則。後來他還發現，幾乎所有的經濟活動都依循帕雷托法則，呈現出一種冪律分布。

簡單來說就是，在任何一個領域中，大部分資源都被排名前幾位的組織或者個人所占有，而且越是排名靠前，占有資源的比重就越大。通常，第一名與第二名的差距，會遠大於第二名與第三名的差距，而第二名與第三名的差距又遠大於第三名與第四名的差距，以此類推。在銷售當中，最能展現帕雷托法則的，就是品牌的「第一勝過更好」法則 ——對於同一類產品或者服務，在消費者的心裡通常只能容納 1 ～ 2 個龍頭品牌，當消費者的心智空間一旦被某個品牌所占據，其他品牌就很難再擠進來了。據統計，排名第一的品牌至少能吸引 40%的注意力，第二名大概是 20%，第三名不到 10%，剩下的總共占 30%。

正如「先入為主」這個成語一樣，人們總是受第一個人的影響比較大，而對於第二個的進入，人們就會很難付出同樣多的精力去關注它。因此，我們要想在消費者心目中留下深刻的印象，最好的辦法就是努力爭做第一，然後為消費者提供不可替代的、獨一無二的價值。

◎搶占行業龍頭位置，力爭第一

當你愛上一個人之後，其他人再怎麼向你獻殷勤，你也很難動心；早上醒來開啟的第一個手機 App，一定是通訊軟體或社交平臺；想查個什麼東西，第一反應就是上網「Google」一下，儘管有其他做得不錯的搜尋引擎，但你卻很少使用；世界上能叫得出名字的高峰，永遠是聖母

峰，雖然排名第二的喬戈里峰只矮了 233 公尺，也仍然難以在人們的記憶中占有一席之地。這就是為什麼行業排名第一的企業所生產的產品很容易獲得消費者的認可，而一個不知名的公司生產的同類產品即使品質更好、價格更便宜，消費者也不買帳的原因。

在市場中，最後被銘記的往往只是第一名，想給消費者留下最深刻的印象，就要搶占行業第一名的位置，在競爭中取得主動地位。例如，店面數量第一、銷量第一、占有率第一、專利數第一，等等。

1.「第一銷量」及行業內做某事「第一人」

有時我們僅僅只是需要換個角度去演繹產品，例如，透過某一季度的數據報告，讓你的品牌，或者其中的某個單品創造「銷量第一」的記錄。如此一來，消費者會認為這個品牌製造的產品，品質是有保障的。

2.「第一個入場」

市場上的消費品只有你想不到的，各種品類應有盡有。如果想以新產品「第一個進入」難上加難，但是你可以改變入場的方式。例如，以獨立的品類進入一個市場。

3.「第一個提出」

如果你可以做到「第一個提出」（例如，某個新概念、新理念），那麼也會讓人眼前一亮。例如，某地板就第一個提出了「運動型地板」口號，於是吸引了眾多消費者的眼光，透過製造品牌差異化讓消費者關注你也不失為一種良策。

在很多場合裡，我都聽很多老闆提出過這樣的口號：「我們要打造某產業第一品牌！」但是一句口號並不代表真正實現。「第一勝過更好」除了老闆有「成為第一」的內心驅動，成為第一品牌的根本動力。除此之外，更需要的是老闆的審慎和冷靜。因為「成為第一」並不意味著我們就要去

做自不量力的事情，而是根據自己的實際情況盡最大努力，如果動不動就是「某產業第一品牌」，這樣也許會輸得很慘，更無法令人信服！

【實現】聚焦，聚焦，再聚焦

既然成為第一不是件容易的事，那我們就要聚焦消費者，聚焦產品，聚焦價值。

在傳統消費市場，企業生產什麼，消費者就消費什麼，產品價值不聚焦，消費者的注意力也不集中。今天他可以喜歡你，明天他也可以選擇其他新品。

到了今天，消費者對產品與服務提出了更多的考量，他們關注產品的價值點更加聚焦，這決定了你的產品在市場中能夠延伸和觸及的範圍。

舉個例子，當你不斷挖掘產品的價值：

如果是 1 公尺深，那麼你的產品至少要滿足一個特定的價值需求 —— 你必須要專注。

基於消費者越來越關注個人的價值需求，產品創意與服務創新，就更要為某個特定群體提供個性化的價值滿足，否則就不會太受歡迎。正如我們在第一部提出的，把產品只賣給「一類人」問題就變得更簡單了，針對這一個特定閱聽人的對象，搞清楚什麼可以做，什麼不可以做。找到要做什麼的這個點，然後聚焦這個「單點」去集中用力，打造一個細分的品類。

如果是 1,000 公尺深，那麼你的產品至少要力爭做到行業第一 —— 極致的產品更有價值。

未來，在產品同質化的市場，品牌必定相互競爭，而產品差異化相得益彰，產品有非常鮮明的差異化，並打動精準閱聽人，是一個有競爭力的產品必須要考慮的。

在粗糙的物質年代，企業提供的產品品類越多越全，就越能做強做大。

而如今，在產品線上把「一公尺」的寬度，做成「十公里」的深度，才叫專業，要把一個行業做精，做透，做深，做到極致，最終獲取定價資格，做精做強。

如果是 1 萬公尺深，那麼你就要用結果說話，確保業績產業第一——形成產業口碑，創造更大價值。

除了不斷檢視內部的資源優勢，專注自身優勢，發揮自身特長，在這個領域做深做透，努力做到產業第一。產品還要能提供很好的消費者體驗，形成「無形溢價」，讓消費者快樂地去體驗消費的過程，形成口碑效應。

◎聚焦三個層面，創造新品類／新品牌／新價值

隨著時代的發展，每個新消費場景都在催生著消費者更加聚焦的需求，而這些需求也不斷倒逼著企業專注產品研發與創新，不斷為消費者創造價值。

對於企業來說，可以從以下幾個方向來尋求聚焦，尋找機會。

第一，創造新品類。

市場競爭與其說是品牌之爭，不如說是品類之爭。想要做一個成功的品牌，首先第一步在無人地帶降落開創自己的新品類。

尤其是當我們的財力人力有限，應該集中兵力，階段性選好一個品類進行飽和攻擊，透過一個高能量品類的產品去建立一個信任錨點，然

後基於功能和場景去做產品品類的拓展。

第二，創造新品牌。

在品類分化快速細分的時代，「品類第一」意味著領域裡的「首創品牌」，它更容易成為該品類的代名詞，消費者早已習慣用品類來思考需求，用品牌來表達結果所以，如果你不能第一個進入某個品類，那麼就創造一個品牌使自己成為「占位者」；如果你不是那個真正的「第一」，就需要動用技巧，造成消費者在認知錯覺上的「領先」地位。

例如，取一個好的品牌名，一個好的品牌名可以降低一半的行銷成本。

再如，創造一條好記的廣告語，用漂亮的外型打動消費者。譬如現在有些新品牌，在產品的研發階段，就已經考慮到如何進行之後的線上推廣，如直播時直播主鏡頭下面的呈現，開箱的儀式感、包裹的設計、包裹小卡的類型、贈品的數量、產品的差異化賣點和品牌故事，一氣呵成。

第三，創造新價值。

激烈的市場競爭引發了嚴重的同質化，唯有不斷聚焦，在某些方面做到極致，創造出新的價值，才能形成與競爭對手差異化的特色，提供消費者一個非你不可的理由。

1. 在原料方面創造價值

Evian 礦泉水是世界上最昂貴的礦泉水，據說每滴 Evian 礦泉水都來自阿爾卑斯山頭的千年積雪，然後經過 15 年緩慢滲透，由天然過濾和冰川沙層的礦化而最終形成。大自然賦予的絕世脫俗的尊貴，加之成功治癒患病侯爵的傳奇故事，Evian 水成為純淨、生命和典雅的象徵，以普通瓶裝水的 10 倍奢侈價格來販售。

2. 在設計方面創造價值

蘋果公司的產品一向以設計見長，隨著 iMac 桌上型電腦、iPod 音樂播放器、iPhone 手機、iPad 平板電腦，一個個讓人耳目一新的產品衝擊著消費者的心理防線，將蘋果品牌變身為時尚與品味的先鋒。

3. 在製作工藝方面創造價值

為了形成與美式速食完全不同的品牌定位，一間食品廠打出了「堅決不做油炸食品」的大旗，一舉擊中速食的「烤、炸」工藝對健康不利的弱點。同樣地，在環境危機日益加重、人們健康意識不斷提升的情況下，瓶裝水品牌數十層淨化的行銷文案，能為焦慮的人們帶來些許安全感。

4. 在功能方面創造價值

顧客選購商品是希望具有所期望的某種功效，如洗髮精中飛柔的承諾是「柔順」，海倫仙度絲是「去屑」，潘婷是「健康亮澤」，Volvo 汽車定位於「安全」。還有比如 Red Bull 的能量補充定位等，都是直接從用途上與競爭對手差異化。

5. 在服務方面創造價值

海底撈認為，消費者的需求五花八門，僅僅用流程和制度培訓出來的服務人員最多只能及格。因此提升服務水準的關鍵不是培訓，而是創造讓員工願意留下的工作環境。和諧友愛的企業文化讓員工有了歸屬感，從而變被動工作為主動工作，變「要我做」為「我要做」，讓每個顧客從進門到離開都能夠真切體會到其「五星」級的細節服務。因此海底撈更注重培訓和員工福利，重視建立團隊及夥伴關係，以此提高服務水準。

除了上述幾個方面，僅僅選擇了差異化因素是不夠的，還必須檢討這些要素能否真正為我們聚焦的消費者創造價值，從而成為吸引其購買的賣點。

對於消費者來說，腦子裡永遠都只有兩個問題：

你對我有什麼用？（價值）

你和別人又有什麼不一樣？（差異化）

解決「你對我有什麼用」這個問題並不難，難的是解決產品之間的差異化問題。為什麼要喝礦泉水？因為我渴了；那為什麼一定要喝特定品牌呢？因為聽說它味道比較甘甜，或是更加天然。這就是它和別的礦泉水的差異點。

無論是可觸碰到的產品，還是無形的專案計畫案、服務，一切可以稱之為商品的產品都有著三層循序漸進的價值層次：功能價值 —— 情感價值 —— 精神價值。

第一，功能價值。

什麼是功能價值？簡單舉例來說：你口渴了，你進便利商店買了瓶水，你獲得了滿足不再口渴，那麼「解渴」就是產品的功能性價值了。

試問一下，如果你口渴了，結果買了瓶辣油，即使它再辣、再香，那麼它能對你產生所謂的功能價值嗎？

需要警惕的是，產品的出現一定是為消費者服務的，千萬不要突然想到覺得消費者需要就開始投入到企業自我的美好幻想中去。針對功能價值，一定要找準核心點和利益點，不要活在自己的世界裡！

第二，情感價值。

理想的消費者購物模式是：分析 —— 思考 —— 選擇；而實際上，消費者的購物模式是：看見 —— 感受 —— 選擇。

時代變化了，我們的市場環境和消費者的意識也發生了天翻地覆的變化。

最開始的時候，所有產品都是以產定銷，顧客購買手錶時只會在乎

準不準，而不會在乎手錶是德國產還是瑞士產；而現在，消費者開始注重產品的外觀，注重產品本身帶來的體驗性了。

讓產品充滿了趣味性，把產品的附加值做滿，消費者才會對產品產生情感，願意去選擇產品、分享產品。怎麼評價一個產品好不好？消費者買了會不會在社群平臺貼文其實相當程度就能說明一些事情了。

需要注意的是，除了產品本身帶來的情感價值之外，企業的服務態度、產品的包裝設計、物流環節都會影響到消費者的情感價值走向。

第三，精神價值。

為什麼 Nike 一句「Just do it」就能讓無數粉絲為之買單？

為什麼可樂會被稱為「快樂水」？

為什麼公司簽約盛會老闆拿的一定是香檳？

仔細去研究所有成功的品牌，你會發現他們一般都在消費者的生活中扮演著一個特定的角色。他們藉由一種觀念、精神、人物特色，活在了客戶的心裡。

買衣服是不是一定要選品牌呢？人人都穿著同種品牌的衣服看起來會不會很無聊？對於品牌束縛的厭惡感，對於生活、個性的自我追求造就了 MUJI（無印良品），主打個性化、簡潔、自然、性價比的無印良品，在很多年輕人眼裡成了展示自我、不盲從的一種精神。有趣的是，這種不想被品牌束縛的精神恰恰又造就了這個新的品牌！

對於消費者而言，普通的消費購物已經不再只是為了獲取功能性上的滿足那麼簡單了。用產品去表達自己的個性，用產品投射自己的生活態度才是潛意識裡想做的！其實，任何產品，當它在被人消費的時候，消費者的行為就會賦予這些產品特定的意義，而這也構成了產品的一部分。將產品從最初的功能性價值轉變成精神價值是企業真正需要去聚焦的。

【實現】持續輸出價值

價值投資分析專家派特·多爾西（Pat Dorsey）在其著作《護城河投資優勢：巴菲特獲利的唯一法則》（*The Little Book that Builds Wealth: The Knockout Formula for Finding Great Investments*）中提出了一個觀點，即企業要以消費者為中心，在此基礎上去理解消費者和市場的需求變化，用最高效的方式和最低的成本持續創新和提升創造價值的能力。

毫不誇張地說，任何行業的模仿產品，如果始終沒有自己的強勢本領 —— 價值，那麼最終都將無情地被占有主導性優勢的領導品牌甩在其後。

你以為的拚命努力、銷售效率，在這些企業面前根本不值一提，因為它們所創造的價值超出了我們的想像，也超出了消費者的預期。提供消費者一個非買不可的理由、持續輸出品牌價值是我們每個人要不斷學習的一門重要課程。

一提到火鍋，我們總能想起海底撈。如果讓你再創立一個火鍋品牌你會怎麼做？如果你要去學習海底撈，那恐怕你真的是學不會了！不妨來看看一間大型連鎖火鍋店是怎麼做的吧。

◎守住產品的「根」，開出價值的「花」

第一，始終堅持對「自我價值」的探尋。

這間連鎖火鍋店的使命是為消費者創造超預期的價值，它的創辦人非常喜歡火鍋，對食物有極強的敏感度，身邊的朋友和家人都在他的影響下慢慢愛上吃火鍋。他開始研究火鍋市場，發現火鍋標準化程度高、掠奪性強，容易讓人喜歡並愛上火鍋，且顧客與商家之間是平等的價值實現關係。於是第一家門市就這樣誕生了。

第二，謀定而後動，堅守初心打磨極致單品。

這間火鍋店進入餐飲市場初期，直接就定位火鍋高階市場，當初業界並不看好。為何後來能取得成功？這源於創始人當時的三點判斷：

1. 隨著中式餐飲文化受到關注，火鍋是接受度極高的品類，因為它的標準化程度最高、相容性最強。所以，火鍋行業是一個可以長期深耕的行業。

2. 整體社會的消費水準不斷地在提高當中。

3. 餐飲市場的高階市場因為海底撈的存在，反而沒有其他品牌進入。

現在看來，當時的預測是非常有前瞻性的。這完全是掌握了《孫子兵法》的精髓：「謀定而後動，未戰而先勝。」

餐飲行業的進入門檻不高，但長期做餐飲行業的門檻很高。因為想要做一家百年餐飲品牌，不僅要資金準備充足以應對各種風險，而且要經受住市場的誘惑和考驗，堅守做好火鍋的初心，才能夠長期為消費者創造價值以吸引客戶養成消費習慣。

第三，堅持產品主義，與消費者建立信任關係。

產品主義主要來自你的產品是你為消費者服務，創造價值的，這樣才有意義。萬物歸一，或者說一切回歸原點，也叫原點思維。你回歸到原點的時候，你的產品的價值是什麼？你會不會為提供產品和服務這件事付出？

總體來說，分三個層面：

1. 你要做一件什麼事？是什麼產品？

2. 你願不願意把你所有的一切傾盡所有？

3. 你想清楚了，想透徹了，你就不游移不定了，你就非常篤定。

　　搞定了這三點，你就知道該怎樣去打造一個有價值的產品，和消費者建立信任牢固的關係。

　　第四，用數位化手段。

　　當好產品成為企業的價值理念時，就不是某一個環節的事，而是企業價值鏈的使命。好產品對於業務前端而言，是讓顧客願意來消費的顧客價值；對於業務中端來說，是要賦能櫃檯達到顧客價值的支撐和服務；對於業務後端來說，是要與之相配的供應鏈管理和監督管理體系。為了提高管理效率和穩定性，這間連鎖火鍋很早就進入了數位化業務管理模式。它數位化架構的最終目的是建立一個多平臺、生態化的平臺，達成打勝仗的目標。

　　第五，持續為消費者提供價值，相互成就。

　　這間火鍋店不僅是打造了一個好火鍋，更打造了一個好的培訓環境。在這間企業內部沒有老闆，只是職位分工不同：老闆踩煞車，團隊踩油門；消費者才是老闆，如果員工不能服務好消費者，消費者就不會消費，員工就不能創造消費者價值；消費者不是靠取悅來服務的，而是靠創造的價值吸引消費者、留住消費者。

　　一方面是因為企業是服務創造生產力的屬性需要；另一方面是服務更新的需要，希望能夠牽引他們在一個正確的方向上成長，幫助他們實現更多的價值。

　　雖然不同時代有不同的產品，所謂的高品質的價值和展延各有不同，但是價格作為企業和消費者對價值共同的追求始終不曾改變。價值是企業發展的永恆主題，也是品牌發展的活力之源！

■ 第四部　信任 —— 一秒突破

問題回顧：消費者憑什麼相信你？

消費者所有的購買行為、商業行為都是建立在信任的基礎上的。

如果沒有信任，那麼所有的商業行為都將不復存在，因為消費者不信任你就等於不信任這個品牌，不信任這個產品，那麼，就無法完成交易。

人之初，性本疑，你憑什麼讓消費者相信？換位思考，如果你去買一款產品，對方說得天花亂墜，你就會相信產品真的值得購買嗎？你當然不會輕易相信。

歸根究柢，其實所有消費者的放棄都是因為缺少一樣東西 —— 安全感。沒有安全感，消費者自然不會輕易把你帶回家。而我們就是要找到能夠讓消費者一秒被突破，堅定信任你的信任狀。

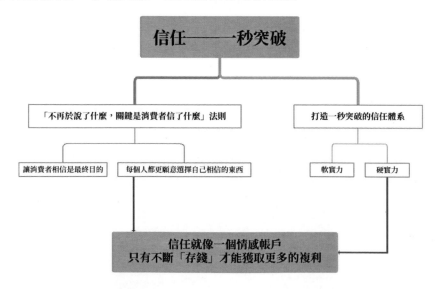

【法則】「不在於說了什麼，關鍵是消費者信了什麼」

當產品有了可供傳遞給消費者的價值，下一步就是要讓消費者相信你，這是一切成交的開始。可以說，賣產品90％的重點都在「信不信」上，剩下的10％才是「值不值得」，消費者信了，自然就覺得值得了，不信，再好的產品，想讓人購買也很難做到。這也就是有些產品為何明明行銷那麼虛華，賣得那麼貴，卻有人心甘情願地購買，就是因為該產品解決了消費者的信任問題。

◎經營企業最終的目的 —— 讓消費者相信

你憑什麼讓消費者相信？換位思考，如果你去買一款產品，對方說得天花亂墜，你就會相信產品真的值得購買嗎？你當然不會輕易相信。

反觀那些成功的品牌，有時只是簡單的一句話，對消費者來說卻能一秒突破消費者心防，贏得信任。

有一次，我去喝了一碗羊肉湯，結果我發現這家羊肉湯可沒有那麼簡單。

首先，店主放了一家四口的照片，並對消費者承諾：如果肉品摻假，甘願禍及子孫。

其次，原料追蹤供應鏈，產品可溯源，連電話都有，只是這一條就能讓消費者吃得放心。

此外，它的湯為原始大骨湯。同時還有協會及監管機構認證。

就這樣，這個僅僅只有幾坪大的小店，每天都是川流不息的客流，大家不惜排隊等上幾個小時只為品嘗這樣一碗美食。

其實仔細想一想，在生活中我們在面對親人、朋友、同事等社交關係時，信任都是達成一切共識的基礎。因此，人們對品牌的看法，跟對

普通人的看法，在概念上其實保持了一致。

根據國際知名公關公司愛德曼的一項調查報告顯示，消費者選擇品牌的標準中，88％的受訪者選擇了「信任」，提升到了第三位，超越了「喜愛」這一因素。

我們信任一個人，不是因為信任其某個器官、某個技能、某種思想等單一元素，而是綜合起來的一種整體形象。就像醫生，生來就被民眾奉為濟世救人的白衣天使，對這樣的形象我們很容易產生信任感，從而願意在自己最脆弱的時候把身體交給他們。

同理，我們信任一個品牌，也不僅僅是因為品牌的 logo 好看、理念前衛、味道很棒，或者他們很有錢，而是綜合的一種品牌形象。當這個形象為消費者做出了超出產品之外的服務，達到社會價值觀等精神層面的輸出，就會塑造這樣一種形象。如果只是賣產品，那麼就是二流製造商，沒有理念價值觀，也只能算作招牌，談不上品牌。但現在消費者不吃這一套！

時下品牌眾多，競爭激烈，每一個賽道都擠滿了新兵。與其用各種套路去套住消費者，不如用好產品服務消費者，這本是天經地義，不是捨棄他家選擇自家的理由，如果多個品牌在同一領域做到一致，消費者肯定會選擇更信任的那一家。所以，獲取消費者信任，是研發產品之後，品牌應該做的重頭戲！

【實現】打造一秒突破的信任體系

在當下信任嚴重缺失的廣告環境裡，誰先解決了信任問題，誰就獲得了競爭優勢。

有一次一間商店做「滿 100 減 50」活動的時候，我覺得他瘋了。但

再看看隨處可見的各種周年慶，我又覺得，看起來比他還瘋狂的商家比比皆是，比如我經常收到的「99 元秒殺跑步機」……不知道大家看到這種超出想像的瘋狂促銷時會是什麼樣的感覺？

我碰到這種情況的第一反應是：「啊？這麼便宜？能信嗎？」、「怎麼可能這麼便宜？假的吧？」、「就算不是假的，那是不是便宜貨？是不是仿冒品？否則為什麼那麼便宜？」

也就是說，很多時候消費者的第一感覺不是激動，而是質疑。當消費者在問「能信嗎」的時候，他就已經在懷疑這個廣告的真實性了。如果接下來你無法提供證據打破消費者的質疑，讓消費者覺得可信，這個消費者也就離開你了。

在傑克‧特魯特（Jack Trout）的定位理論中，首次提出了信任狀。信任狀是指「公認的事實、可靠的證明」，它可以讓我們的品牌變得更加可信，打造一秒突破的信任體系。

通俗地講，信任狀相當於品牌在消費者心中的「擔保品」，這種擔保在消費者購買時為其提供了選擇該品牌的理由，進一步吸引消費者關注與購買，有利於品牌在同類競爭者中脫穎而出，占領市場。

眾所周知，迪士尼樂園是全球知名的卡通動漫品牌，自從開業以來，是許多人出外遊玩必去的景點，即便還沒有去過的遊客，聽到「迪士尼」這三個字也是心嚮往之。這是為什麼呢？

迪士尼的定位是為全世界的家庭和兒童帶來夢幻般的體驗。除了充滿歡樂的主題樂園，它開發的一系列周邊產品也暢銷全球。例如，卡通電影、玩具、圖書等等，無不引起人們的追捧。而這些周邊產品也豐富了迪士尼這一品牌在消費者心目中的形象 —— 這就是迪士尼品牌最可靠的信任狀。

◎建立信任的工具 —— 跑分表

幾乎所有的消費者在消費的過程中都有恐懼心理。要想打造一秒破防的信任體系，把信任根植於消費者心中，首先要利用其有效的工具，讓信任實現。例如具有公信力的評分標準。

◎打造信任體系，軟實力與硬實力一個都不能少

第一，軟實力 —— 包裝、廣告、名人、體驗、口碑。

軟實力源於感性的思考，主要從消費者的情感體驗出發，包裝、廣告、名人、體驗、口碑這五大要素相當於產品的「軟性」設計部分。對於產品的認知和體驗，消費者在使用過程中是可以感受到的。

1. 包裝

外部包裝設計不僅突顯產品價值，同時也決定了消費者對產品的第一印象。在今天這個看臉的年代，有人說「外表即正義」猶如一顆毒瘤侵蝕著人們的審美。但你不得不承認，喜歡欣賞美的事物是人類的本能。所以，外表也不局限於對長相的評判，還延伸到了產品包裝上。著名的巴夫洛夫古典制約原理說明，人類的一切行為都是透過刺激形成條件反射的結果。如果我們想刺激消費者購買，在包裝設計這一步只要遵循一個原則：盡量放大消費者的購買理由。例如，外包裝的視覺衝擊力要強、顏色要鮮明、字型要放大等等，用這些可被放大的理由給予消費者一個刺激購買的訊號。

2. 廣告

在品牌行銷中，相對於對產品包裝的印象，一則形象生動的廣告更能加深消費者的感知，形成品牌記憶。一個每天出現在各種媒體的品牌就像是我們熟知的朋友，而那些從未打過廣告的品牌更像是一個陌生

人。正常情況下，我們當然更相信熟人的推薦。

　　只是今天這個時代的廣告接近氾濫，引發消費者關注的成本越來越高。隨著商業環境的變化，喧囂的背後，很多廣告並沒有形成與消費者的有效連結。

　　所謂有效，是指一個好的、有創意的廣告不僅好看，更能引發消費者的思考，忍不住多看幾眼。甚至廣告語還會成為流行語，在消費者腦海中形成深刻印象卻不會有壓迫感。

　　3. 名人

　　人們對權威有著天生的信賴感。比如，當我們自己無法判斷一件事情可信與否的時候，我們更傾向於相信長輩和專業人士的建議。在信任權威的基礎上，不管是他們說的話，還是做的事，我們都願意相信。而在行動網路時代，我們今天在談到名人時，更多的是指明星代言。找明星代言的前提是你想傳遞什麼訊息給消費者，就去找符合你的品牌觀念的人去幫你傳達，形成價值認同，這才是對產品屬性最好的證言。

　　4. 體驗

　　在體驗經濟時代，除了你的產品和服務，消費者更關注源自內心的情感體驗。而「喜新厭舊」是寫在人類基因裡面的，尋求新鮮的體驗刺激是消費者內心深層次的消費需求。貝恩策略顧問公司曾對 362 家企業做了一項調查問卷，結果顯示有 95% 的企業認為自己很關心消費者的感受，80% 的企業認為自己已經向消費者提供了優質的體驗。但在這些企業客戶的抽樣調查中，只有約為 8% 的消費者同意企業的觀點。可見，大部分的企業並沒有真正為消費者帶來良好的體驗，就更不用提超越消費者的心理預期了。

　　而諾貝爾獎得主、心理學家丹尼爾·卡尼曼（Daniel Kahneman）提

出了一個心理學定律——「峰終定律」，他認為，在每個人的內心深處
都可能存在一段久久無法忘懷的記憶，並會隨著時間的推移愈加清晰，
這就是心理學中的「峰值體驗」。找到這些個節點時刻並精心設計，就能
在某種程度上為消費者帶來不一樣的體驗。（詳見圖 3-2）

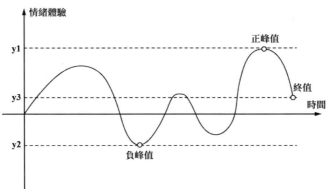

圖 3-2 消費者在不同峰值時的體驗不同

　　這一定律也可以運用到改善消費者體驗與提升滿意度的過程中。消
費者與產品接觸的各個接觸點——品牌不同的層次構成了與消費者的
接觸環節，影響消費者的購買決定與消費行為。如果我們能將這種「接
觸點」都打造成「峰點」（峰值時刻），強化消費者與產品接觸的體驗記
憶，降低負面體驗出現的頻率，最終儲存在消費者記憶中的品牌印象都
是深刻且舒適的體驗。

　　5. 口碑

　　「高品質」口碑標籤，是消費者流量的入口。口碑的本質就是就是讓
消費者有參與感。隨著新晉品牌一個接一個登上巔峰，很多傳統品牌的
老消費者正在被新湧現的競爭對手不斷搶奪，那些原本的「死忠粉絲」
實際上早已轉為了路人。

沒有了參與，對品牌的認知也就漸漸模糊。因此，口碑效應就是持續「啟用」消費者對品牌的認知，正如把鯰魚放入沙丁魚的船艙，用它來驅使沙丁魚保持游動，使其攝取更多的氧氣，維持生命力的旺盛。

在商業領域，增加參與感的形式有很多，通常展現為精神、身體及物質上的體驗獲得。第一種說的是品牌運用文化價值引起消費者的情感共鳴，繼而對品牌產生信賴和認可。後兩者說的是透過身分權益的訂製、獎勵回饋機制獲得消費者的擁戴。整體而言，就是讓消費者在體驗品牌產品或服務的過程中生出極度的信任和依賴，維持與消費者的穩定關係，最後靠消費者的口耳相傳獲得傳播。

第二，硬實力 —— 多、大、久、權、正。

如果說以上幾點軟實力是令消費者一秒被突破的有效途徑，那麼當消費者衝破心理防線決定購買我們的產品以後，若想讓消費者產生二次購買，終究還得拿出真本事，靠硬實力留住消費者。

1. 多 —— 賣得多

一款飲料一年賣出三億杯，能環繞地球一圈；每賣 10 罐茶就有 7 罐是某某牌……這些再熟悉不過的廣告語讓我們記住了熱賣品牌。銷量絕對算得上是最有效的超級信任狀要素之一，其核心動機是有效地利用了消費者的社會認同原理，也就是我們常說的從眾心理。

丹尼爾·卡尼曼在《影響力》一書中提出了社會認同原理，他認為人們在進行思考和判斷時，會不自覺地參考他人的意見行事，如果你看到別人在某一場合做了某件事，比如你在逛賣場時看到旁邊的消費者都在購買一樣產品，那麼你就會傾向斷定他們這樣做都是有道理的，於是你也購買了該產品。所以，如果你有「熱賣」的證據，就能降低消費者的決策成本，讓信任度再上一個臺階。

2. 大 —— 規模大

品牌要點亮價值，更需要規模化傳遞。企業品牌發展的過程，是以產業級策略指引品牌不斷創新擴張的過程。今天的品牌，無規模很難品牌化、商業化。沒有消費者基礎，工作室式的生產無論從加工流程還是到品質管控都難以給消費者安全感，這樣的產品談品牌化無異於空中城堡。而品牌沒有規模優勢，在銷售通路上就沒有先發優勢，面臨最大的問題就是品牌形象容易迅速老化，被後來者超車。

3. 久 —— 做得久

消費者不會輕易信任一個新品牌，除非那個品牌是行業裡的開山鼻祖或百年品牌，例如一些老字號是數百年商業和手工業競爭中留下的精品。它們經歷了艱苦奮鬥的起家歷程，最終引領整個產業。多年來，社會大眾對其產品品質的認可逐漸形成了其品牌的影響力。

做得久的品牌都有一個最重要的基因 —— 誠信。清朝著名紅頂商人胡雪巖親筆題寫著名「戒欺」匾額，上寫「凡百貨貿易均著不得欺字，藥業關係性命，尤為萬不可欺。」將誠信經營理念貫穿在企業的生產經營，使戒欺成為一種企業的文化，深入每個員工的心田。這樣的品牌代表的是消費者的信任，其品牌就是品質的代言。很多能夠傳承下去的品牌往往都經歷過創新整合的過程，而消費者對品牌的感受、認知、認同與信任也在這個過程中不斷得到提升和進化。

4. 權 —— 權威證明

我們在前面談到的名人是權威的一種，除此之外，消費者信任的還有權威機構。身為個體，消費者往往對很多產品的技術領域所知甚少，希望能有個專業的機構來幫助他們做檢測以減少在購買中的決策風險。比如手機測評專家，國際上名聲遠播的權威認證如美國 UL、歐盟 ROSH 認證等等。

這種第三方認證因為不是我們自賣自誇，立場不受品牌方利益本身影響，天然具有可信度，消費者更容易相信其真實性。

另外，權威媒體也是建立消費者信任的載體。一些來頭很大，或者專業領域的媒體，都會更容易讓消費者信任。

一個品牌若能在主流媒體投放廣告，消費者會覺得更加權威可信。當然，我們說使用權威機構也是有前提的，比如你朝向的目標消費族群要了解／知道這個機構；其次機構本身的公信力要值得信賴；且機構的屬性要和你的產品相關，這才是最重要的。

5. 正 —— 正宗傳統

當今時代，資訊浩如煙海，產品日新月異。這是社會進步的正向訊號。

然而對於消費者而言，反倒會因為產品和資訊太多而感到安全感蕩然無存，對於選擇的挫折感油然而生，產生更多的消極情緒。

經典品牌通常都是品類中的佼佼者，沒有哪個品牌因為具備「經典」認知而漸行漸遠。而從實踐來看，「正宗」概念更具競爭性和獨占性，也更有利於消費者理解「經典」。我經常勸說身邊的老闆朋友，與其不斷地去說服消費者相信你提供的產品更好，不如在消費者心中建立一個「正宗」概念。特別是在飲料、食品、農產品、藥材等具有傳統認知的品類中，建立「經典」或「正宗」概念非常具有區別性。

上述「軟硬兼施」的十個方法是我們打造一套信任體系的基礎，也是我在行銷自己的品牌過程中的經驗總結。需要強調的是，在所有的關鍵要素中，老客戶的價值遠遠大於新客戶。我的品牌在當地存活下去的關鍵原因就在於老客戶創造的口碑。正如在前面講到的，消費者是因為產業而來，因你而留下。現在，我可以說，消費者是因為我們而來，因

為我們的產品和服務而留下。

家長帶孩子來就是在為我們提供服務的機會，但如果你稍有怠慢，甚至活活把消費者氣走，對你來說是一種損失，對消費者而言卻很簡單，他大不了換一家店，再也不光顧你就好。

打廣告也是一樣，消費者看到我們的廣告後慕名而來，同樣是給予我們一次銷售的機會。但如果消費者在購買後發現產品不好用、你的服務態度不好，那麼你之前辛苦建立的所有東西對消費者都將失效。

今天我們去到任何地方，最終都是和人打交道。其實，所有的謀略在設計完畢之後，只能為你贏得一次機會。你或許能憑藉一次機會把消費者搶奪過來，但是最終你能否留下消費者，靠的是人、是你 —— 再好的謀略，最後也要靠人來執行。人執行得好就有口碑，所以消費者最後能否信任你的關鍵都要回歸到兩個字上 —— 口碑。而我們經營企業，設計再多的路徑，最後都是要贏得人心、獲得消費者的喜愛與信任！

【實現】如何成為「神一般的存在」

人與人之間的信任就像一張 A4 紙，任何揉搓都會留下痕跡，消費者對於品牌的信任也是如此。如果說信任是我們與消費者之間建立的一個情感帳戶，那麼，只有不斷往消費者對於品牌的信任帳戶裡「存錢」，我們才能獲取更多的信任複利。

◎真正把消費者放在心裡，才能實現信任的交付

曾有記者採訪一間連鎖超市的經營者：「你的經營祕訣是什麼？」

他說對消費者好一點，就什麼都有了。

這間連鎖超市提供了不同年齡層適用的購物車、讓視力不佳的人士

便於檢視價格的放大鏡、寵物寄存服務、方便的退貨管道，超市內也提供飲用水、便利整潔的哺乳室等等，讓消費者有一個良好的消費體驗。消費者服務這件事情，所有的企業都在做，但是坦白說，真正做到位的不多，做得好的更少。

然而，這間超市的商品售價並不是一味地低於市場平均價，部分商品價格也會略高於其他超市，但仍然是許多消費者的優先選擇。當消費者的第一選擇決策不是考慮價格，而是選擇品牌時，品牌才算成功。但交付信任的前提，是企業珍視消費者。消費者與這間超市之間的關係，是深度的信任和信任後的堅定選擇，這份信任與選擇偏愛，來源於人的樸素情感。

我相信，每一家企業都渴望打造這樣的品牌，但確實不易實現。

現在消費者的選擇非常多，其注意力也很分散，能夠成為被消費者主動且堅定選擇的品牌，可以說是我們的「終極」目標，唯有目光長遠方能勝利。討好哄騙型服務可以矇騙一時，但是只能做一次買賣，不能一秒突破讓消費者信任你，那後面再多的行銷也是老王賣瓜，自賣自誇！

第五部　行銷 ── 有效廣告

問題回顧：消費者怎麼知道你？

《孫子兵法》強調：「善戰者無智名。」真正的策略、真正的戰術、真正的戰勝，都是看上去平淡無奇，卻能決勝千里之外。正所謂外行看熱鬧，內行看門道。

以上四部是策略，接下來的四部是戰術。策略是根本，戰術是配合，策略的堅定性配合戰術的靈活性，就能用行動點亮夢想，讓夢想走入現實。

策略和戰術的制定和執行，一步慢，步步慢，行銷也是一樣。

消費者永遠不會買自己不知道的東西，要想把產品賣給更多的人，就要有一套完整的行銷體系。

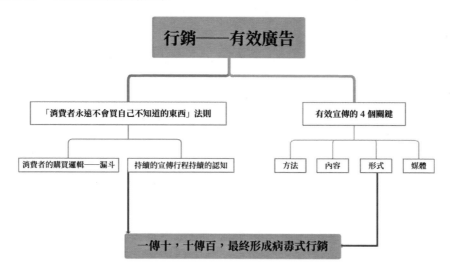

【法則】「消費者永遠不會買自己不知道的東西」

想像一下，假設你和周杰倫同時走在大街上，誰更容易被認出來？

肯定是周杰倫，因為他是「地球人都知道」的明星，同時也意味著他是一個品牌。如果你和周杰倫同時發行了一首歌曲，消費者肯定要先聽周杰倫。

同理，我們要用品牌的方式讓消費者知道、發現你的產品，因為他們永遠不會購買自己不知道的東西。

◎消費者的購買邏輯 —— 漏斗

　　早在西元 1898 年，美國廣告學家艾里亞斯・路易斯（E. St. Elmo Lewis）就提出稱為「AIDA」的消費者行動模型，他把消費者的購物過程分為認知、興趣、欲望和行動四個階段，奠定了分析消費者購物行為的理論基礎。1924 年，美國行銷專家威廉・W. 湯森首次將漏斗模型與 AIDA 模型連繫起來。一年後，另一個美國人 Edward・K.Strong 在 AIDA 的購買行為之前，又加進了 Memory 這個要素，就變成我們現在熟悉的 AIDMA 模型了，所以這個模型又常常被稱為銷售漏斗、行銷漏斗或者品牌漏斗。其中，AIDMA 分別是認知、興趣、欲望、記憶、行動的英文首字母大寫。（詳見圖 3-3）

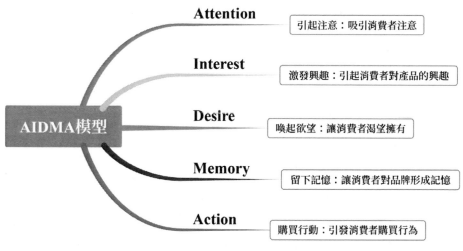

Attention 引起注意：吸引消費者注意

Interest 激發興趣：引起消費者對產品的興趣

Desire 喚起欲望：讓消費者渴望擁有

AIDMA模型

Memory 留下記憶：讓消費者對品牌形成記憶

Action 購買行動：引發消費者購買行為

圖 3-3 AIDMA 模型

　　值得注意的是，在上述 5 個階段的過程裡，第一個階段是 Attention —— 注意、意識，換句話說，消費者首先要知道你的產品或服務的存在。也就是說，消費者的購買邏輯是一個漏斗，這個漏斗從知道開始。

之所以將購買的週期定義為「漏斗」，是因為買家由產品需求到最終決定購買是一個不斷篩選、萬裡挑一的過程。

　　購買漏斗從意識到產品需求開始，如果消費者不知道你的產品，那麼他們永遠不可能購買你的產品，也就是說我們作為產品的供應方的首要任務就是讓買家看到我們的產品。

　　你的購買行為從本質上來說都是因為你知道，如果你不知道就不會吃。所以，所有的行銷第一步是在開始就讓消費者知道！

　　消費者在知道產品存在後，下一步就是讓消費者對你的產品產生興趣，在這個階段你要持續行銷，讓消費者認為你的產品可以讓他們的生活更加美好。

　　為什麼全世界的人都知道了可口可樂，他還要做廣告？因為他不僅要讓消費者知道，還要不斷加強認知，加深消費者的印象。也就是說，只有持續的行銷形成持續的認知，才能讓消費者產生興趣，激發消費者的欲望。

　　同時在消費者了解產品，對產品產生興趣之後，他們就會對產品進行深入地了解，了解產品的各方面資訊。消費者在對產品有了足夠的了解後，便會將精力放在了解產品的特性上，以便做出購買決策。這時他們會對相似的產品進行比較。最後，消費者決定購買。通常在消費者購買之前還會考慮價格、店鋪的服務政策、運費情況、退貨政策等等，這就是消費者的購買邏輯。接下來，我們就可以遵循這個邏輯建構行銷體系，有針對性地對消費者進行有效行銷。

【實現】有效行銷的四個關鍵

一個品牌要想讓消費者聽見你的聲音，需要有效的行銷途徑和工具，最好是構成一套完整的、可實現的行銷體系。

然而，對於個人而言，「體系」這個詞似乎有些龐大。如果你不是專業的，很可能一不小心損兵折將跌個鼻青臉腫，最聰明的辦法是草船借箭，與一個懂行銷的人合作。有時「拿來主義」往往是我們在做事初始階段的最佳選擇。

這也是為什麼我在創辦我的品牌的同時，還要讓行銷、通路、合夥等各項環節可達成、可執行，唯有如此才能讓我的合作夥伴少走彎路，我們才能一起走得更遠！

◎建構全方位的行銷體系

在行銷體系中，我們首先要考慮的是行銷對人，也就是你的行銷對象 —— 他可以是你的消費者、客戶抑或是員工、上司等。行銷的對象不同，方法略有差異，但主要的形式人同小異。更重要的是，我們透過一個例子掌握建構行銷體系的基本邏輯，然後舉一反三，為己所用。

下面，我以我的品牌為例，簡要說明如何建構行銷體系。

想要有效行銷，就要解決兩個問題：第一，消費者怎麼知道我？第二，如何把我的資訊傳播出去？

怎麼解決資訊傳播？解決方案有以下幾點。

第一，透過第一部的學習，我已經知道我的消費者在哪裡，於是，我就到消費者所在地開門市，獲取自然流量。

第二，消費者分享。作為 4.0 時代的企業一定要有一套消費者分享的機制。我們可以透過官方帳號、App、群組、社交貼文、直播主等管

道讓消費者分享。比如我們消費者在社群平臺的分享邏輯是，只要消費者到店，他可以把連結發表到社群平臺，只要有消費者的朋友點選，那麼該消費者就可以贏得積分，而消費者可以透過積分在我們的線上商城換購自己喜愛的商品。

第三，廣告行銷。也就是我們在第四部中提到的廣告。而我們的廣告行銷是多樣化的，不只限於短影音、購物平臺，還包括各種線上、線下的行銷通路，只要可以接觸到消費者的路徑我們都有著力。

第四，持續推廣。我們的目標客戶是家長和孩子每逢寒暑假，我們都會到各種家長會帶著孩子出現的地點做活動，這樣一來，目標消費者就非常集中，消費者在參與測試後的轉化律非常高。

以上是我的品牌的的主要傳播途徑，若是要舉一反三地建立一個行銷體系，可以總結為以下四個關鍵。

第一，方法：廣告五大心法。

廣告的本質是行銷，而廣告的靈魂是創意。廣告學派的代表博達大橋廣告公司創始人費爾法克斯‧M. 科恩（Fairfax M. Cone）曾說過：「大眾心理是不存在的，大眾不過是個體的集合，優秀的廣告從來都是從一個個單獨人物的視角寫出來的，針對上百萬人的廣告詞感動不了任何人。」

美國廣告心理學家經過長期研究消費心理狀態與消費觀念後，總結出了五個打造創意廣告的關鍵詞。

第一個，New —— 新。

消費者都有喜新厭舊的心理，人們普遍喜歡新東西、新事物，很多人都喜歡經常換汽車、換手機，甚至經常換工作、搬家，這就是最好的證明。因此，產品也要更新迭代，就算是一成不變，也要換換包裝，扣

上一頂「新」的帽子，否則就無法長期吸引消費者的注意力。

第二個，Natural —— 自然。

從食物到審美，今天人們越來越崇尚返璞歸真。人造的東西、虛假空泛的話術很難再令消費者心動。

第三個，Light —— 輕。

如今，無論海內外，肥胖是全人類都在攻克的難題。現在很多商家都開始推出「輕食」的健康理念，比如 0 卡 0 糖的飲料，連可口可樂也推出了小罐裝的無糖款。

第四個，Real —— 真。

可口可樂廣告中那句 It's a real thing！在世界上不知道傳唱了多少年，簡直可以說家喻戶曉。它的中文意思是說，你要喝可樂，就喝道地道地的可口可樂，不要喝冒牌貨，只有我們的才是正牌。

第五個，Rich —— 濃烈。

Rich，它既可以指富有，也可以指食物味道足、口感飽滿，形容味道的醇烈。這一點類似於我們在第四部中講到的正宗傳統。

第二，內容：價值呈現。

在前面第三部中，我們講到了要聚焦，要持續輸出產品價值，提供消費者一個非買不可的理由。如果是以行銷的視角，那麼，我再補充一點。

今天我們身處網路時代，行銷的內容是社交分享式的，那麼，生產具有社交分享價值的內容就很關鍵。只有讓內容具有分享價值才能賦予品牌更強的傳播力。所以對行銷內容的要求有兩方面：

一是有傳播性，具備社交分享屬性；二是有企業主體的調性，讓你的消費者（閱聽人）形成辨識度，一看就知道你是誰。

要想達成這兩點，我們可以從場景的精神體驗尋找內容訴求。

比如，在家喝酒是愛好，在熱炒店喝酒是朋友間的精神體驗。所以小瓶裝酒品的行銷，展現的是小型的場景，如小聚、小飲。這是傳統酒商怎麼也難以理解的地方。產品是功能性的，場景是精神性的。從場景中發現可以傳播的價值，最後襯托產品。

其次，圍繞價值觀的內容創作，內容要展現企業價值觀，而不是純粹強調傳播性。具有相同價值觀的內容，反覆強化，才有辨識度，最後形成 IP。

這也是我們在下一點要講到的，可以透過文字、圖片、影片展現品牌態度，引起消費者共鳴，並激發其分享欲望，在社交平臺上進行轉發評論。

第三，形式：文字／圖片／影片。

文字、圖片和影片的表達方式更為直觀具體，也更能喚醒消費者的情緒，是行銷中常用的方法。其實在生活中，只要消費者被某件事觸動，行為就很容易被情緒影響。

消費者憑什麼相信我的品牌？

我們繼續透過文字和圖片的行銷告訴消費者，因為我們有基於 130 年的理論基礎，我們有上百家門市……所有關於品牌的資訊和優勢，你不僅要讓消費者聽到，更要讓消費者真實地看到、真切地感受到。

第四，媒體：流量變遷。

商業的變遷，本質是流量的變遷問題。

以前我們總說「一鋪養三代」，是因為流量線上、下；後來不是「一鋪養三代」，因為流量漸漸從線下轉移到了線上，也就是有流量才有生意；再後來，網路的發展，成就了一批不走正道的商人；緊接著即時通訊軟體走進我們的視野，於是又成就了一批人 —— 微商；今天的流量來

到各式影音平臺，因此，現在的行銷是以影片為主。但無論流量在未來還將流向何方，我們要做的就是在今天這個流量共享時代，緊跟趨勢的變化，將線上與線下相結合，並始終基於消費者的核心需求建立社群、打通私領域流量，透過持續強勁的流量形成行銷的循環。

第六部　通路 —— 購買場景

問題回顧：消費者怎麼買？

今天的江湖靠花拳繡腿已經不行了，未來的市場一定是只有用對方法，做對通路，才能扎實地取勝。

今天的商業一定要務實。所有的商業技巧，在消費者的體驗面前，都不堪一擊！新鮮感，只是過眼雲煙；體驗感，才是長久之道！很多家長對於眼鏡、近視沒有認知，我們就自己做了海報、地推物料以及所有流程，包括標準的話術，以心換心才能搞定消費者！當我們在搞定消費者之後，要想做大就必須要拓展通路。

比如你開店就要組成團隊，想發展就必須找到合夥人，有人願意替你管店、守店，你才能越做越大。起初，我們只開了十家店，透過十個店實現、測試，拿到數據之後，最後我們只用 4 個月就做到了上百家店。

這就是通路，你必須要把典範做出來才能走進市場。過去那種扯虎皮做大旗的思維已經行不通了，如果今天你還認為你拿到一個資源就可以唬弄人，你最多只能走 300 公尺，一定走不到 3 公里。所以今天的商業一定要實實在在、踏踏實實地把事做好。

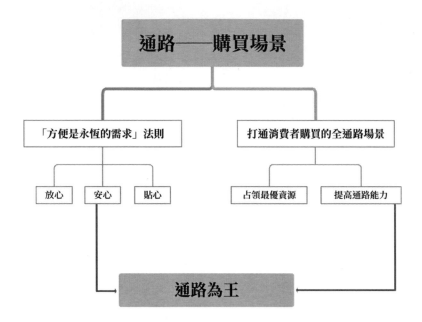

【法則】「方便是永恆的需求」

現在無論是網購還是實體店購物，消費者對速度和便利性都寄予了很高的期望。

知名國際市場研究機構 OnePoll 曾對 500 位 18 歲以上的消費者進行了消費行為調查，結果顯示，近 57%的受訪者認為在網路、App 或電話客服中心購物時，最重要的是能在兩個工作日內送貨上門，而 35%的受訪者表示如果能在當天或者次日就收到購買的物品，他們會很樂意支付運費。

而在實體店內購物時，只有 15%的消費者傾向於使用固定 POS 機結算，而約 60%的顧客傾向於使用移動裝置或者線上 App 進行掃描支付。如果店內缺貨，27%的消費者希望店員能在附近的其他店內確認是否能

找到存貨，並有 14% 的顧客會仍然期望店員能夠盡快把缺貨商品訂購到店或能安排送貨到家。若無法提供此項服務，商家則將可能錯失該產品的銷售機會，因為 23% 的消費者表示他們能在不同的商店中找到相似的商品，或者會直接購買其他的品牌。

　　這一結果說明「方便是消費者永恆的需求」，是零售業永恆的真理。消費者總是希望獲得更好的價格、選擇和便利。隨著網路的普及與發展，人們的注意力正在轉向便利。

　　那麼，如何才能滿足消費者「方便」這一需求呢？

◎購買更方便，通路是關鍵

　　首先，消費者「購買」這一場景需要在不同的通路才能發生。因此，我們要結合零售商庫存、倉庫、供應鏈、消費者關係並能提供跨通路、全方位服務的購買優勢，能夠實現當日或者幾日內完成交貨的商家才能滿足消費者的預期。

　　確切地說，通路商是企業銷售的重要組成部分，又是企業組織架構外的「其他公司」，一個成功的企業，必須要能不斷滿足消費者方便購買的需求，同時也要滿足通路商日益成長的發展的需要，並成為領航者，這才是通路策略的本質。否則，如果只有消費者願意向你買，沒有通路商替你賣，消費者又去哪裡買呢？購買的方便性從何而來呢？而消費者的購買行為會分為就近購買及就好購買兩種，無論是哪種購買行為，都需要透過通路來實現。例如一些購物平臺最為人稱道的，不是它這個網路零售賣場有多大，而是消費者在該平臺下單後，物流的速度有多麼快。

　　例如一些購物平臺最為人稱道的，不是它這個網路零售超市有多大，而是消費者在該平臺下單後，物流的速度有多麼快。

新冠疫情期間許多民眾採取居家防疫措施，線上購買生鮮雜貨的訂單需求持續擴大。這時有一些購物平臺便發揮了通路供應鏈的優勢，穩定供貨並提供配送服務，保障了民生需求，也提供了相關廠商強而有力的通路暢通功能。

其次，消費者購買離不開通路，而通路除了要方便，同時也離不開購買場景。

以前，我們在通路中只要把產品賣出去就結束了，消費者買回去以後怎麼用、在什麼情境中使用等問題，其實我們很可能根本就沒有去研究這個「消費者消費場景」，更多的是按照自己的主觀臆斷去感知「產品和消費者之間的互動關係」。

但在一個使用的具體場景中，你對產品會有一個全新的定義。比方說同一罐辣醬，它在乏味的一個人的午餐場景中出現，和在「四菜一湯」的聚餐場景上出現，它的需求形式和消費者認知就完全不同。

我們總是在說通路要創新這樣的口號，其實創新的著眼點就在產品的場景中，即如何把一個產品最痛的那個場景詮釋出來，繼而讓消費者在某一場景中產生購買的行為。由此可見，通路與場景也是密不可分的。

【實現】打通消費者購買的全通路場景

很多老闆認為，近兩年，我們飽受疫情的影響，銷售通路受阻。其實，新型冠狀病毒從未阻止人類的交易，只不過它把大部分的購買活動轉移到不同的通路而已。

但不管怎樣轉移，消費者對於便利的需求從未改變，甚至比以往任

何時候都更重要。消費者希望他們生活中的物流盡可能簡單,所以,一個強大的全通路策略對消費者行為的變化非常敏感,我們必須滿足消費者想要觸及以及他們希望你觸及的地方。

◎占領最優資源,提高通路能力

麥肯錫的分析師寫道:「全通路轉型是企業應對日益增加的複雜性、提供卓越的客戶體驗和管理經營成本的唯一途徑。」而通路能力就是我們能把產品規模化觸及那些潛在消費者的能力,本質是占領最優質的銷售資源。

從根本上劃分,通路主要可分為兩大類:一類是推薦型通路,另一類是流通型通路。

推薦型通路就是我們常說的行商,需要「放一個 PPT 來介紹生意,從而成交」的業務,而一般 B 端的業務都屬於推薦型業務,一些大額的 C 端業務也屬於推薦型業務。而流通型通路就是坐商,也就是「守店做生意」的業務,是一種靜態銷售的業務,快消、日化、日用品等都屬於流通型業務。推薦型通路要做好的基礎在於占領通路商最優質的銷售資源。流通通路分高階流通通路如新零售通路、精品百貨等,現代通路如便利商店、賣場、超市及大流通通路如雜貨店、農產品店等。企業要想打通銷售通路,就要選擇適合自己的通路。

1. 常見通路(連鎖加盟通路)

自營通路分直營連鎖門市及加盟連鎖門市兩種,在產業網路興起的今天,還有一種門市叫授權門市。前兩種我們並不陌生,所謂授權模式,是為門市授權做增量生意,而不搶存量生意,也先不要求門市換招牌,原門市假設有 100 萬生意,這 100 萬生意不動,做 50 萬增量大家一起分錢,即「你的是你的,你的永遠是你的,我的還是你的」,這是效率

最高的線下翻牌的門市拓展模式。

日本的 7-11 有 2 萬多家店，其中直營店只有 500 家，大部分是加盟店；星巴克的品牌擴張，一直堅持直營路線：由星巴克總部進行直接管理，目的是控制品質標準。海底撈基本是採用直營連鎖方式，嚴格限制加盟店。

通路的選擇對品牌商而言，重點是要配合企業整體的發展策略及資源天賦。

2. 非主流通路

做通路的有句話，叫「搞定非主流通路，企業不愁溫飽」。非主流通路就是在企業常規通路以外的通路，這個通路非常廣泛，比如交通節點（火車站、機場、加油站、休息區等）、公家機關（學校、醫院、軍隊、監獄等）、餐飲住宿（連鎖餐飲、飯店旅館、餐飲小店等）、景點（故宮、風景區等）、運動場館（健身房、KTV 等）、自助販賣機等等。

3. 電商通路

電商通路其實也是一個非常特殊的通路，因為它既是銷售通路，同時也是一個行銷通路。電商可以說是競爭最為激烈的通路，因為電商是一個完全公開的市場，所有的競爭都可以匯聚在此，大家知道超競爭的結果只可能是一個，就是無限接近地逼近盈虧平衡線，導致大多數參與者無法賺錢。

但是，大家還是對電商通路趨之若鶩。因為電商的另一個特殊功能，就是爆紅，但電商發展到今天，要在電商平臺上爆紅正在變得越來越難，因為電商的紅利期已經過了，電商的流量成本正在不可避免地變得越來越高。

無論你最終選擇哪個通路，一個成功的全通路策略離不開四個要

素，包括銷售通路、行銷和廣告、營運以及運輸。所有這些功能需要無縫的協力工作，以提供盡可能最好的全通路消費者體驗。

第一，銷售通路。

除了上面介紹的一些通路，現在我們有了比以往更多的銷售通路可供選擇，但我們必須仔細評估閱聽人：消費者花在哪裡的時間最多，以及我們類別中的產品通常在哪裡銷售。

你的通路可以包括（但不限於）：網路店面、電子商務市場、社交媒體平臺、移動通路、實體店等。全通路銷售方式的可靠優勢在於，它的核心是一種風險緩解策略。它允許你問：「我的顧客在哪裡？我怎麼才能到達他們所在的位置？」並作出相應的改變。

第二，行銷和廣告。

無論我們選擇哪種銷售通路，消費者都不會自然而然地找到我們的產品，即使是最好的產品也需要一種全通路的行銷策略來推動流量和銷售。

第三，通路經營。

經營包括後臺的一切，從產品、訂單、庫存管理到物流。從操作的角度來看，全通路運作方式的關鍵是連通性。到底什麼技術構成了我們的後臺操作，這取決於我們的業務規模和複雜程度。而當我們擴展到新的通路時，必須有集中化的經營，這樣才能改善我們的供應鏈，並且永遠不會錯過銷售平臺之間的節奏。

第四，運輸。

在運輸方面，我們可以選擇使用運輸軟體或第三方物流公司。運輸軟體提供了與各種運輸公司的特殊協商費率，對運輸狀態的可見性、報告，以及向供應商發送訂單的能力。第三方物流還包括其他物流過程，如庫存管理、倉儲等。大多數人認為物流和運送是電子商務的技術面，

但實際上這是消費者體驗的另一種延伸。

全通路策略的具體實踐流程對企業來說是獨一無二的，也是完全不同的，因為我們必須先選擇最符合我們的目標以及行銷管道。再根據獨特需求，操作也將有所不同。

如今，既然消費者希望購買地點和方式越來越方便，就需要我們能夠隨時跨通路為消費者提供支持，無論他們是使用智慧型手機還是透過即時通訊軟體發送訊息，抑或去線下門市，根據獲取的數據確定我們的精力應該集中投入在哪裡，以及如何集中精力去繼續打殲滅戰，滿足消費者的無縫體驗，這才是讓通路實現最大的挑戰！

■ 第七部　將領 —— 合夥雙贏

問題回顧：誰來賣給消費者？

只要領導者的決策和方針路線是正確的，那麼，接下來就是要讓得力的幹部來發揮帶頭作用了。

天下不是謀下來的，而是打來的。只不過我們要先謀後動，但最後的落腳點還是在於行動上。一個人單打獨鬥的時代已經遠去，從網路叫車平臺到外送平臺，這些企業的迭代發展都表明了一個問題：

未來沒有企業，只有平臺；未來沒有員工，只有合夥人。

來到第七部，我們就是要解決「誰來幫你賣」這個問題。在合夥雙贏的時代，唯有找到你的將領和你一起打天下，你的事業才能越做越大，路越走越寬，美好的未來才更值得期待！

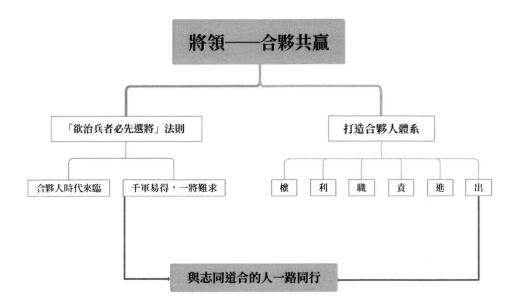

【法則】「欲治兵者必先選將」

在企業發展的過程中，人是最大的變數。

我們今天在創業這個圈子裡已經基本沒有一個人單打獨鬥的可能性了，那麼，首要問題就是找什麼樣的人來合夥，他為什麼願意跟你合夥，他怎麼跟你合作。

一滴水只有滴進大海，才不會乾涸；一個人只有加入一個團隊、一個平臺、一個企業才能有更長遠的發展；同樣，一個老闆、一個組織只有擁有優秀的合作夥伴，才能把市場這塊蛋糕越做越大。

如果說我們皆處在一個不確定的時代裡，那麼在這個大變革的浪潮中，老闆與合夥人就是最典型的休戚與共的命運共同體！

◎合夥人時代來臨 ── 從一棵大樹長成一片森林

唐代張九齡在《選衛將第八章》中有言：「欲治兵者，必先選將。」

古代帝王打天下，先有謀略，再配合人才陣勢，天下盡得。有謀可知進退，有道則能順應大勢。如今，我們創辦企業打天下，用古代帝王的這一邏輯也未嘗不可。先借力，後得力；先借船，後造船，組團打天下，天下必得。所以，天下不是謀下來的，而是打來的。只不過我們要先謀後動，但最後的落腳點還是在於行動上。

對於任何組織來說，都是如此。做企業，需要有人帶領員工，完成企業的經營目標，這些職業的管理者，就是幹部。

無論一個人有多大的能力，所取得的成就都是有限的，如果想成就一番大事業，那就必須依靠團隊的力量。要想做好一件事、做成一項事業，一定要與志同道合的人一路同行。

可能有些人還是會覺得，不加入任何群體和組織，一個人也能進步。一個人的確也能進步，但是一個人的想法、認知、視野、能力、執行力和資源是有限的，遠遠比不上一群人。在每個群體裡面，都會有比你強的人。這些人不僅會推動你的積極性，還會重新整理你的認知範圍，拓展你的思想和視野；另外，他們還會為你帶來一定的動力和壓力，而這些將會是你前進路上，最好的精神「果實」，有了它，你才能最大限度地突破自己，然後變得更強。

每個人都有自己的目標，在朝著自己的目標奮進的路上，大家或結伴而走，或踽踽獨行。一個人的行走是沒有負擔的，但是會很難到達理想的彼岸。唯有一個優秀的團體，才能重新整理你的認知，開啟你的眼界，激發你的潛力，達成資源共享，從而讓你走得更遠。

社會就是競爭，優勝劣汰是千古不變的規律。在強者越強、弱者越

弱的時代，唯有組團，藉助平臺，藉助團隊，發揮每個人的優勢才是真正的取勝之道。

其實打造一個團隊或者一家企業就像做一個木桶一樣。一個專業人才就是一塊木板，有人擅長研發，有人擅長通路，有人擅長市場，有人擅長財務，至於老闆或者創業專案的創始人則像「桶箍」，我們是那個把「木板」給箍起來的人。

【實現】打造「吾能用之」的合夥人體系

既然要把「木板」給箍起來，做一個「吾能用之」的木桶，就要先找到適合的那些塊木板，也就是把你的將領、你的士兵聚集到一起，並用一套完整的體系留住人才、激勵人才，讓人才成就夢想！

做企業，特別是連鎖企業，人才是必不可少的。我們常說，21 世紀最缺的是人才，但是對於企業來說，缺的不一定是人才，而是缺可複製人才的土壤機制。

如今，店長流失率高，是眾多連鎖企業的共識，當企業沒有打通機制和晉升通道時，店長看到沒有前途，晉升無望，每天上班就開始期待著下班。

連鎖一般來說，是以終端門市為主，有三個明顯的痛點：

表 3-1 中小企業開店的三大痛點

中小企業開店的痛點	
迅速開店	怎樣才能又快又穩地開出更多更好的門市
人才複製	怎樣才能吸引大批合夥人，達到病毒式成長
業績成長	開完店以後，如何讓業績持續成長，讓合夥人賺到錢

連鎖企業經過幾次的浪潮，中小企業不斷地進行模式創新，從傳統的直營複製，到加盟的快速擴張，再到聯營的管控擴張，最後到全民合夥時代。

企業在連鎖化的過程中，其本質始終是圍繞著「人」在進行連鎖，「萬店連鎖」只是一個必然結果，而如何運用合夥人機制，推動「人心的連鎖、人才的連鎖」，才是實現「萬店連鎖」的關鍵手段。

◎企業迅速崛起的祕密：打造合夥人體系

合夥人制現在已經成為部分中小企業所採用的一種企業成長機制。未來創業的趨勢將是合夥人制，未來是知識經濟時代，它需要最優秀的人才能夠凝聚在一起。所以很多企業、事業合夥制是凝聚人才、打造創業團隊最好的一種方式。有人做過很立體的比喻，說僱傭制是火車，合夥制是火車，其優勢十分明顯：

表 3-2 合夥人制的優勢

打造合夥人體系的優勢	
對於企業	解決人才複製和快速良性展店問題
對於老闆	激發人才、病毒式展店、集合資源、簡化管理、解放自己
對於合夥人	相對於做專業經理人，錢更多、權更多、名更好；相對於創業來說，起點更高、風險更低、成功率更高

那麼，合夥人「合」的到底是什麼呢？

首先我們要弄懂究竟什麼是合夥人？合夥人通常是指投資組成合夥企業，參與合夥經營的組織和個人，是合夥企業的主體。合夥模式有很多，主要有共創模式、病毒式、對賭模式、門市模式和區域模式，不同企業使用的合夥模式也是不一樣的。

其次，對待「合夥人」這個詞和其更深度的內涵，我們要換個角度去看待。合夥人制度的本質，在於建立一套核心人才選用育留的鼓勵機制。合夥人，合的不是錢，而是相信、執行、結果、格局和未來。

一個好的合夥制，除了有效的合夥協定，還必須有良好的規章制度作為保障。權責清晰，同時根據每個人的權利和義務嚴謹制定相關條文規定。整體而言，一個健康的合夥體系離不開以下六大要素。

表 3-3 一個健康的合夥體系離不開六大要素

建立合夥人體系離不開六大要素	
權	誰是老大，出了事情，誰說的算？
利	如何分配利潤，如何占股？
職	什麼職位，做什麼事？
責	做不好怎麼懲罰／做得好如何獎賞？
進	如何成為合夥人？
出	如何退出合夥？

接下來，要想讓這六大要素實現，就要設計一個合夥人體系。我們可以透過「七定模型」讓你的合夥體系實現。

第一，定目標。

這點很好理解。有了目標，才有方向，如果你自己都不清楚為什麼不去外面工作而開始自己當老闆，又怎麼能說服別人和你組隊打天下？一旦走上創業這條路，一旦決定與人合夥謀天下，就要形成真正的事業結合體，不要等把人招募來了才開始想怎麼做。

第二，定模式。

根據你的企業所處的階段，來選定最適合發展的合夥模式。例如，你的門市數量小於 10 家，沒有連鎖系統管理基礎，處於初創階段連鎖企業，那麼可以選擇共創與病毒式的模式；如果已經小有規模，門市數量大於 10 家，那就可以考慮區域發展模式，等等。

第三，定對象。

不是所有人都可以合夥，合夥人體系最關鍵的是透過合理的合夥機制找對人。那麼，具體來說，什麼樣的人是你的合夥對象？怎樣才能找到適合的合夥人呢？

表 3-4 尋找合夥人的三個方式

找到適合你的合夥人	
方式	方法
考核	透過考核制度產生店長、區域主管合夥人是尋找優秀合夥人最重要的方式，也是我們在輔導合夥人計畫時的一個重要環節 合夥人考核，通常與合夥人的出資和對賭相關。相對於任命，考核制度出來的合夥人明顯動力更強，準備更充分，成功率更高
招募	如果公司內部有優秀的合夥人，從內部挖掘當然是首選，但對於大部分快速發展的中小連鎖門市來說，傳統的制度導致內部很難吸引和保留優秀人才，所以需要利用合夥人模式招募外部優秀人才
病毒式	病毒式合夥人就是合夥人帶、教出新的合夥人。 相較於內部培養以課堂教學、知識傳授為主，病毒式合夥人主要是以老帶新，就是在實踐中師帶徒

第四，定條件。

人員一多就容易進入混亂的失序狀態，那麼，人合在一起，條件怎麼設定？首先要確定有沒有資格成為夥伴，其次確定要簽訂什麼合約、簽多久。

第五，定股數。

根據盈虧平衡、平均值、不同區域設定。

例如某護膚品牌門市 22.5％的分紅比：店長、技術總監等投資款項按照每月扣除一個數目的薪資形式，利潤每三個月兌現 1 次，原有投入本金還可全部退回。

第六，定機制。

合夥人機制一般有六種，在這六大機制中，合夥文化是合夥機制的「魂」，合夥文化可以有效彌補管理機制的不足，讓合夥機制更能發揮自身的作用。（詳見表 3-5）

表 3-5 合夥人的六種機制

合夥人的六種機制	
進入機制	是對門市內的人員進行篩選，確定哪些人可以成為合夥人，畢竟並不是門市內的所有人都適合成為合夥人
權責機制	是對一些重要的合夥人進行適當的授權
退出機制	是合夥人退出時需要遵循的約定。合夥協議必須簽署。退出機制必須被制定 大家都想要成功，但是人總是自私的，難免有不愉快，開始時制定好完善的退出機制，能夠在一定程度上避免各類矛盾的發生
管理機制	包括組織形式、管理內容以及獎懲機制
鼓勵機制	是用於吸引、鼓勵和保留合夥人的機制。鼓勵機制是合夥機制中的關鍵內容，也是合夥機制設計的困難點。一般來說，鼓勵機制分成兩類：物質鼓勵和精神鼓勵。其中物質鼓勵包括薪酬機制、股權機制、對賭機制以及病毒機制；而精神鼓勵則主要講的是榮譽機制
文化機制	是指合夥人需要共同遵守的行為準則，以及營造合夥文化的機制

第七，定協定。

合夥人的設計，是需要細緻考慮的，標準化的流程與工具，在連鎖經營的任何階段，都是非常有必要的！具體實行措施，也涉及一些協定，我們可根據門市的具體需求來設定。

合夥經營是一個複雜的過程，即便是擁有專業知識和豐富經驗的管理者，也很難確保自己不會在經營過程中出現失誤。只要想合夥創業，上述這些問題必須要考慮，至於在具體實行的形式上則是相通的，萬變不離其宗。

市場環境是多變的，消費傾向也是不斷變化的，在這種情況下，要保證合夥人體系合理有效，那麼在具體實行之前，一定要進行試行。試行就是找一些門市或區域，把設計好的門市合夥人計畫試驗一下，並在試驗過程中不斷更新和迭代門市合夥人方案。

無論從事什麼行業，合夥人都期盼成功，合夥失敗的理由千千萬萬，成功的理由卻只有一個，賺錢，都賺錢！但是，商場如戰場，各式各樣的危機、風險相伴，稍有不慎就會崩盤。正所謂「欲速則不達」。打造一個成功的門市合夥人體系不是一蹴而就的，它需要一個系統性而漫長的過程，這個過程需要多方的努力和實踐！

【實現】大集團的合夥啟示錄

在為企業做諮詢和規劃時，經常有連鎖門市的老闆問我：「股權激勵或者阿米巴跟門市合夥人模式本質上有什麼樣的區別？」

從機制來講，股權激勵、阿米巴和門市合夥人模式有一些共通之處，但是它們在解決問題的邏輯有著本質上的區別。

股權激勵本質上是一種鼓勵機制，重在把驅動現有的人。阿米巴則是一套「方法＋鼓勵機制」的體系。

阿米巴這一概念是由稻盛和夫提出，在企業經營管理模式上被稱作「阿米巴經營模式」。簡單來說，這一模式就是以各個阿米巴的領導為核心，讓其自行制定各自的計畫，並依靠全體成員的智慧和努力來完成目標。這種做法可以讓處於一線的每個員工都成為「主角」，實現「全員式參與」。 如今，是一個合作雙贏的時代，靠一個人單打獨鬥的時代已漸漸遠去，合作讓我們優勢互補、資源共享。可以說，許多大型企業都是在股權獎勵機制與阿米巴相結合的基礎上，同時站在了「人＋方法＋激勵」的三位一體的高度上，尤其注重「人」的選擇與參與。

◎一起做一件事會更有價值

隨著企業股權獎勵機制的推出，必定能夠籠絡頂尖技術人才，這樣人才策略必將形成鯰魚效應，其他公司也會紛紛效仿。

合夥人制度的實施並沒有減少企業參與者的收入，反而給予了有能力、有熱情的成員獲得更高收入和更遠前程的可能。讓合夥人從「一月一薪」到「財務自由」。

你可能會說，那些案例都是成功的大企業，只要有機會，自然有無數人願意與其合作。那麼我們這些默默無名的小企業如何才能吸引合夥人參與進來呢？

我們暫且不去討論和評估你的商業模式，但從整體來看，你的計畫或企業是否吸引人，離不開以下四個主要原因。（詳見圖 3-4）

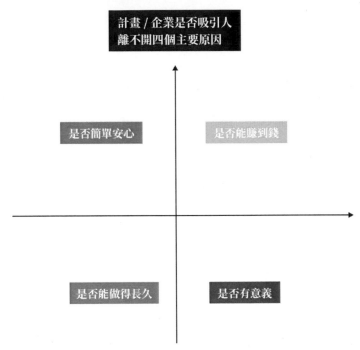

圖3-4 計畫／企業是否吸引人離不開四個主要原因

第一，是否簡單安心。

一項事業是否簡單安心，取決於開店時門市是否標準化、營運是否標準化、背後是否有靠山（廠家、策略夥伴的支持）。

第二，是否能賺到錢。

一個計畫能否賺錢看三點：第一，看市場有沒有機會；第二看計畫有沒有機會；第三看機制有沒有創新。

例如，我做近視防治，是在一個存量多的市場裡搶奪消費者；其次，它屬於朝陽產業；最後，目前這個行業裡沒有大廠。這三點說明我們處在一個有巨大機會的市場，而你加入這個市場的成本並不高，所以才能賺到錢。

第三，是否能做得長久。

為什麼可以做得長久？

我親身經歷過這樣一個故事，有個小孩來到我們店裡做視力訓練，原來視力是 0.4 ～ 0.6，訓練了半個月提升到 1.0 ～ 1.5。

有一天，孩子的媽媽給他零用錢用來吃飯，他還剩下 20 塊錢，於是這個孩子就把 20 塊錢拿回來給我們的訓練師，並告訴訓練師：「感謝你幫我提升了視力，我不知道你喜歡吃什麼，所以我給你 20 塊錢。」

當我聽到店員和我講述這個故事，心中的使命感頓時油然而生。

這個世界有很多事可以賺錢，但是沒有一件事可以像幫助孩子提升視力一樣有價值、有意義！

對於普通人而言，無論男女，逆轉的人生結局固然令人心馳神往，但過程卻是極其煎熬的，徒有鴻鵠大志並不能帶我們飛得更高、更遠。人最大的安全感就是身後有人、有靠山。後來我想，或許這就是今天很多人願意和我一起來做這件事的一個重要原因吧！的確，如果你一個人創業，每天要做十個人才能完成的事情，而今天，我們一起來做好一件事就可以。很顯然，後者的成功率更大一些。當我們把自己的團隊經營好，大家很團結，齊心協力、目標一致，當然就會充滿幹勁，一起做一件事就會更有價值。

第四，是否有意義。

為什麼很有意義呢？

當我們考慮要不要做一件事時，通常離不開兩點：一是利益，能給自己帶來什麼好處；二是對他人有什麼好處。

往小的說，我的事業是一個計畫，因為它利潤高、時機早、好賺錢；往大的說，我們所處的是一個積德行善的善業，幫助一個孩子就造福了

一個家庭，幫助一個家庭就造福了一座城市，城市因為有我們而變得更加光明！

其實，無論 500 大企業也好，還是中小微企業也罷，合夥的本質是「合作雙贏」，但合作雙贏的本質是「將心比心」。

一路走來，我看到過很多九死一生的創業者的經歷，也看到過很多同行大起大落的過程。而我從創業初期一路走來，看著企業規模不斷擴大，我感受到自己的心量也在不斷擴大。以前我覺得，在事業上有一番作為，理想是指引我奮鬥的燈塔；如今我發現，讓更多的人和你一起前進才更有意義，創業最大的成就感就是既成就了自己，也幫助了別人。所以，我希望今後能夠更多地透過我的事業去助人達己，幫更多人成就自己的夢想！

■ 第八部　持續 —— 一生一世

問題回顧：如何賣 100 年？

《荀子·勸學》中有云：「騏驥一躍，不能十步；駑馬十駕，功在不捨。」經營創業，我們同樣應該意識到這點。

成功的祕訣不在於一蹴而就，而在於你是否能夠持之以恆，和一群志同道合的人，把一件有意義的事一生一世地持續做下去。

做事業形同打仗，無非就是搶人 —— 人才；搶錢 —— 利潤；搶地盤 —— 消費者和市場。今天我們所處的市場，競爭對手多，資源又非常有限。很多時候，商戰中沒有什麼和平共存可言，往往不是你死就是我

亡，那些一遇到困難就放棄的人一定不能成功。

不管是長期盤踞在世界 500 大榜單中的成功企業，還是不知名的草創企業，如同人類一樣，死亡似乎都是我們不可抗拒的自然規律。

如果企業最終難逃一死，如果從最初創業時就知道最終的結局，我想很多人未必還有勇氣開始並持續做下去。如此說來，創業者都是向死而生，當我們出發的那一刻起，生與死之間的界限就會越來越模糊。

在創業以前，很多人遇到問題的時候都不覺得它是問題，直到出發以後才發現，原來曾經那些微不足道的問題卻成了壓垮自己的最後一根稻草。

可是即便如此，我們也希望並且一定要想辦法活得久一點。正所謂「做最好的準備，做最壞的打算」。

做企業，有時並不是為了贏，而是為了長久地活下去。做一家百年老店，那才是真正的成功！

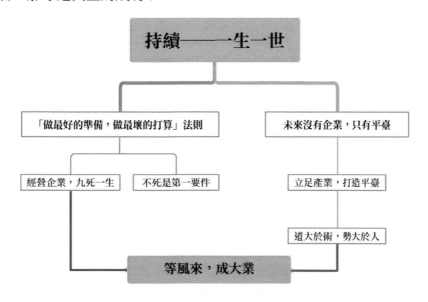

【法則】「做最好的準備，做最壞的打算」

李嘉誠說，做任何事情之前先考慮失敗。

《孫子兵法》中也說，「故不盡知用兵之害者，則不能盡知用兵之利也」。因為「利害相依所生，先知其害，然後知其利也」。如果我們不能完全了解用兵有害的地方，同樣也不能完全了解有利的方面。

經營企業和打仗一樣，都是九死一生。甚至經營企業比打仗的勝算還要低，因為打仗只有敵我兩方，不是你勝就是我敗，而經營企業是你往往連對手是誰都不知道，任何危急的事情都有可能隨時發生。

如果你不居安思危，直到事情發生那一刻你就會一臉無辜：「怎麼會這樣？」於是，把成功都歸於自己的偉大，把失敗都歸於環境的變化。比如前兩年，無論是企業還是個人都深受新冠疫情的影響，很多人認為自己不成功、不努力也都是疫情所致。殊不知，比疫情更可怕的是，你有了疫情的心態。

為什麼我們的趨利意識總是大於避害的意識呢？這是因為在人性中，我們都有僥倖心理。失敗者總是說，沒什麼大不了的，不過是從頭再來。但大多數人一出局就再也沒有機會重新開始了，你沒了底牌，拿什麼加入戰局？

因此，商戰第一要素，就是不死！

◎經營企業，本質是一場現金流遊戲，不死是第一要素

企業是一個什麼地方？它為什麼會死？

如果是一家旅館，那麼企業就是住宿的地方；如果是一家餐廳，那麼企業就是吃飯的地方，這些都只是企業的業態。可以說，業態的消亡或興盛關乎企業存亡，但這最多算是外部因素。

其實，所有的企業本質都是一樣的，都是從資本金開始。首先是投資固定資產。例如，透過融資獲得 100 萬啟動資金，然後租房、開餐廳。接著，如果你是自己做，那麼就要進原料，完成從半成品到成品的製作，然後有人進貨，最終把產品賣給消費者。而你的收入要砍掉成本，減掉其他各項費用，最後你可能還剩 30 萬的利潤，你繼續投入資本金，循環以上過程。

可見，無論是哪個環節都離不開錢，任何一家企業，本質都是一臺現金製造機。如果你的投入與產出不成正比，那麼你就瀕臨隨時破產滅亡的境地。

一般情況下，企業不長久都是因為沒錢，重資產經營，不能變現的資產過多。

有沒有錢這件事，往往是不分傳統企業或是網路公司的。即便是今天的網路企業，如果現金流斷了，一樣要破產倒閉，除非能繼續融資。

現金流就像是一把寶劍，有了它才能出征作戰，否則就是刀口上舔血，把自己放在一場遊戲裡面。

這遊戲是什麼？企業每天進帳的錢必須要大於支出的錢 ── 這就是現金流遊戲。

現金流遊戲的本質是，你的企業只要有一天進帳的錢少於支出的錢，那麼你就很難再見到明天的太陽。要想不死，要想贏得遊戲的勝利，我們就要做一件事 ── 脫離劣質資產，留下優質資產，把能夠創造現金的資產留下來，不斷產出更多的現金，這個過程也是資產重組的過程。

如果你發現採購來的原料已經很久沒有用了，那就立刻賣掉變現；如果你發現某個員工每天上班都沒有在認真工作，那就等於你每天發薪

水給他，但他卻沒有為你帶來回報，長久下來就是在侵吞你的資金，這也是為什麼有些大企業都會定期評估、裁員。

雖然企業破產的原因千千萬萬，但很多時候很可能只是因為一個微不足道的原因，令你的現金流暫時斷裂，又或許哪怕你再熬個十天半月，只要有一筆回款你就能熬過去了。然而，很多人還沒等到那一天的到來，錢沒進來，企業就先破產倒閉了。

所以，千萬不要在鼎盛時期，每天看著進帳盲目樂觀，頓覺自己豪情萬丈，可以縱橫四海，而是要有風險意識，時刻做最好的準備，做最壞的打算，為企業留條後路。因為當你衰弱時，市場只看結果，世人並不會因為螞蟻的弱小而同情牠，你衰弱的時候，往往是牆倒眾人推，一分錢也能難倒英雄漢。這不是危言聳聽，這就是現實！

所以，常常居安思危，別忘了每天問自己：我會死在哪裡？如果我知道我會死在哪裡，還能去送死嗎？

一場現金流的遊戲你都堅持不下去，還怎麼做持續一生一世的事業？

【實現】未來沒有企業，只有平臺

經營企業是場持久戰，堅決不去送死，才有希望看得見未來。可是做了一切準備，企業就能確保不死了嗎？

其實，不死只是企業生存最基本的要求，畢竟，留得青山在不愁沒柴燒。但求生存以後，也別忘了謀發展。如果你幸運地活下來了，就要不斷努力去力爭上游，始終以成為產業第一位為目標，而不是得過且過地活著。你在第一名時不會死，在最後一名時也不算是死，但兩種「活」

的狀態卻是完全不同的。企業未來到底能走到哪一步，往往取決於創始人的眼光和戰略高度。

◎創始人的高度就是企業的高度，創始人的眼光就是企業的未來

有太多的企業，在活下來後沒有好好珍惜眼前的機會，結果就是「不作死，不會死」。無論是食品廠的重大食安事件事件，還是合夥人之間的股權紛爭、挑戰法律底線、用垃圾產品作死，歸根究柢是創始人沒有站在立志做百年企業的高度上。

如何做 100 年？

第一，懂得立足行業，與時俱進。柯達應該立足影像而不是膠捲，數位相機技術卻可以改變，但服務消費者的心不會改變。

第二，持續保持競爭優勢。

如何保持競爭優勢？

── 把企業打造成平臺，在這個平臺上，人人都是創業者。

未來不再有中間商、中心化的概念，所有的企業都將變成創業平臺，每個人都將成為一個中心，都是創業者。

在傳統的市場形態中，消費者與生產商、品牌商之間都是分離的狀態，上游的商家根本不知道消費者是誰，即便消費者購買產品以後，也無法與其取得聯繫。因此，以前的上游企業都是根據自己的判斷與意願，大規模地生產，然後託付流通市場、終端市場去做產品下沉。在此過程中，市場也是碎片化的，需要更多的小公司、個人參與到商業活動中，去實現產品的流通下沉，以貨為中心賺差價。

但今天，整個市場正在被網路時代所顛覆，消費者可以藉由網路與上游的供應鏈零距離連線，透過網路的方式去回饋訴求，從而滿足不同的需求。

隨著人們需求的多樣化與個性化，商業的形態就會從批量生產到流通零售，變成去中間化、去中心化，把每個人當作一個中心。那麼，想要滿足新的市場需求，首先要改變經營策略，把企業平臺化、員工合夥化，讓更多人參與創新、創業過程，實現整體市場的良性發展。

在新的市場需求下，許多企業已經在探索公司平臺化發展的模式。

從僱傭式的關係，變成了合夥人關係，從員工變成了創業者，即便不發薪水，也會努力工作。當企業管理結構與模式發生了改變，就能夠讓每個員工有更大的發展空間，獲取更多收益。

企業平臺化發展，不僅能夠降低企業的人力成本、營運成本，還能以更多創客的力量，為企業帶來創新發展，解決人才流失的問題。在企業平臺化的發展路徑中，創業者能夠賺多少錢，不再由企業決定，而是由市場與消費者決定，這樣才能真正地讓個人的價值發揮到最大化！

在打造平臺的過程中，我們也參考並了很多成功企業，以他們的成功標準化為樣本，最終確定自己的方向。

關於平臺未來的樣子，我還有很多想法，總結起來彙總成我 20 年來的創業經驗，一共五句話。（詳見圖 3-5）

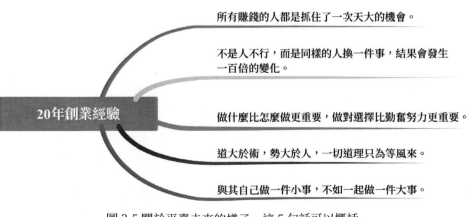

所有賺錢的人都是抓住了一次天大的機會。

不是人不行，而是同樣的人換一件事，結果會發生一百倍的變化。

20年創業經驗

做什麼比怎麼做更重要，做對選擇比勤奮努力更重要。

道大於術，勢大於人，一切道理只為等風來。

與其自己做一件小事，不如一起做一件大事。

圖 3-5 關於平臺未來的樣子，這 5 句話可以概括

　　哪怕你今天資產上億，你也需要一個財富管道；哪怕你今天剛剛起步，你也需要一個優質的平臺給你發展的機會。改變現狀最好的方式，就是與智者同行，與趨勢同行。站在高手的旁邊，高手會為你所用。和一群有感覺的人一起去做一件事，企業才能永續發展，世界才會變得更閃亮！

【實現】居安思危不翻車，「體面人」置之死地而後生

　　我相信，每個人在創業之初，都是朝著百年老店的目標前進的，沒有人願意在大浪淘沙後，不幸地被拍死在沙灘上，甚至被對手打得屍骸全無。也沒有人會嫌棄自己的企業活得健康、活得長久。

　　但做百年企業並不是一句口號或一句誓言那麼簡單。就連比爾蓋茲（Bill Gates）也說「微軟離破產只有 18 個月」。

　　當然，企業家這樣的言論是一種居安思危的表現。但放眼世界，依然有很多企業在經過了時間的檢驗後活了下來，並且活到了 100 歲。據權威數據統計，在全世界，日本是擁有最多百年企業的國家，約為 26,000 多家，其中最古老的企業是日本金剛組，建立於西元 578 年，這家企業時至今日都還在健康地活著。在世界上，年齡超過 200 歲的企業共有 5,586 家，其中日本占了 3,146 家，德國有 837 家。

　　在我看來，如果我們能夠透過前面的八問和八部，把這一套邏輯掌握好，將對應的武功絕學練扎實，那麼，我們至少可以先活下來並活得很好，接著才能在求生存、謀發展的基礎上，談理想，談未來，談如何持續一生一世。畢竟，百年老店寥若晨星，更多的時候，現實中的我們更應該居安思危，在大環境相對穩定的時候，掌控你能掌控的，持續用

這八部征戰天下；在大環境充滿變數不確定的時候，依然有應對變化的能力。

如果說百年基業是每個創業家的追求，也是我個人的一個美好夙願，那麼，在如坐雲霄飛車般創業的日子裡，我更佩服那些能於危難之中保持冷靜，不輕易「翻車」的這個時代裡的「體面人」。這樣的企業不僅有東山再起的勇氣，更有置之死地而後生的能力。

2020年的一場疫情，讓許多產業開始產生變化，在時代的不確定性中，有人開始裸泳，有人贏得了尊敬。

有一間企業在面對轉型衝擊而面臨經營困境時，表示將會退租多個實體店面，並進行公益捐款，從網友的討論中來看，這間公司不但為受損失的客戶進行退款，也給了員工補償，並且乾脆俐落。「體面」在當時就成了這間企業與其創始人的「關鍵字」。

這間企業的老闆甚至帶頭轉戰直播市場，讓人想像不到昔日的大老闆，如今卻要自己下海直播。但他們證明了「面子不值錢，活下來，賺到錢才是真正的體面」。

這位老闆也曾經為公司立下過一個規矩：無論發展規模多大，支出都不能超過預存現金的一定比例，如此一來即便遇到危機時，仍然能夠支付員工的薪水以並提供應有的客戶服務，絕對不能將預收帳款當成企業的現金流。公司還有錢，就企業能夠成功商業轉型並且永續發展的必備能力。

放眼全球，疫情造成的波動已經不是蝴蝶效應那麼簡單，全球經濟環境的不確定性越來越強。雖然直到我快要寫完這本書時，我都不確定疫情何時才能徹底散去，但我知道疫情絕對不會是最後一個對未來造成波動、帶來更多不確定性的因素。我們無論是身處今天的自媒體時代、

行動網路時代，還是未來有可能會抵達的元宇宙時代，都應該為應對未來的不確定性留出空間、打造自己的護城河。不要只顧盼一生一世，先想想今生今世，能否在平淡的每一天、每一個月、每一年裡居安思危，為了今後的百年大業，時刻準備著！

後記
一心一意等風來，一生一世共事業

時光匆匆，不知不覺又站在了歲月的門檻，不知不覺我亦在忙碌中完成了本書的創作。或許，每個人的內心都需要一個託付的對象，有人需要家人，有人需要情感，而我則是事業、是夢想。這份精神寄託對我而言十分重要，是我前行的動力，也是我幸福的泉源。

每當夜深人靜的時候，我常追問自己，幸福究竟是什麼？

這讓我想起 2022 年的一天。在那天，我們收到的不單單是一個孩子送來的鮮花，更是一個家庭的希望，是使用者對我們事業的認可。

這讓我想起連月來，不斷傳來新店盛大開業的好消息，甚至一天連開兩店、三店。這個世界，什麼都可以騙人，唯有結果不會騙人！

這些都是令我每每想起都會感覺有一股幸福的暖流從靈魂深處經過的幸福時光。李白說，「浮生若夢，為歡幾何」。有時我也會感慨，一輩子看起來很長，但實際上真正留給我們用心去做事的時間卻非常有限。每當這樣想時，我就會更加堅定信念 —— 一定要一心一意地放在值得做一生一世的事業上，並且我要繼續去尋找願意跟我一起完成這個夢想的夥伴們。我依然相信，一切機理只為等風來。與其自己做一件小事，不如一起做一件大事。

回顧這本書，無論是理論、法則，還是案例，我都已經講了許多，唯願它能成為陪伴你走過艱辛，越過山丘的一位老友或知己。在我看來，書從來都不是書本身，它只是一個載體、一個介質，更是一扇門，

後記　一心一意等風來，一生一世共事業

當我們一起推開這扇門的時候，我們終將相遇，我們終將找到問題的答案，我們終將讓願望實現。

最後，我想把我個人最喜歡的一個故事分享給大家並作為本書的結尾。

希望你們能和我一樣，每當遇到困難、感到無解時，就會想起這個故事，然後找到你要的答案。

兩千多年以前，在阿拉伯地區的沙漠地帶有一個駱駝商隊，商隊的主人以養駱駝、販賣毛毯為生。毛毯是用最好的皮料製作的，所以銷量特別好。後來，他收留了一個叫做海菲的小男孩作為養子。

有一天，海菲對父親說：「爸爸，我想去做業務員。」

「為什麼？我給你的錢還不夠花嗎？」

海菲略帶羞澀：「不是，因為我喜歡上一個人。」

「你喜歡誰？」

海菲喜歡的女孩是城裡一位富商的女兒，父親立刻明白，富商是不可能把她的女兒嫁給一個養駱駝的窮小子的。

父親想了想告訴他：「兒子，我給你一張羊毛毯，你如果能賣掉，我就教你怎麼做業務員。你至少要讓自己成為一個很厲害的人，以後才有可能娶到富商的女兒。如果沒有賣掉，你就回來繼續養駱駝。」

於是，海菲拿著毛毯就出發了，但他發現遠遠沒有他想得那麼簡單，因為他不懂行銷、不懂銷售、沒有績效……他幾乎什麼都不懂，三天三夜了都沒賣掉。

在一個風雨交加的晚上，海菲在一個山洞裡面躲雨，天氣特別冷。這時，他發現在山洞的另一邊還有一對夫婦帶著一個小女孩，從穿衣打扮來看，那對夫婦也不像是有錢人，夫婦二人把這小女孩抱在中間取暖，但是這個小女孩依然凍得瑟瑟發抖。

海菲看到之後，拿起毛毯披在了夫婦身上給他們取暖。

這夫婦一看就知道這毛毯太貴了，自己買不起，但海菲說：「我不要錢，送給你們。」

就這樣，海菲回家繼續養駱駝，再也不提當業務員的事了。

有一天，父親說：「你不是想做業務員嗎？怎麼又養駱駝了？」

海菲委屈地答道：「對不起，爸爸，我沒有賣出毛毯。」

「那毛毯呢？」

「我送人了。」

「你送給了誰？」

「我送給了一個小女孩。」

於是海菲就把這個事告訴了父親，父親聽完後說：「你把毛毯送給她比賣給她更有價值！」

說著，父親帶他來到城堡裡面，從閣樓上取下一個鐵皮箱。父親把鐵皮箱開啟，從裡邊拿出了十張羊皮卷，這是他珍藏的「成為世界富豪的核心祕密」。

父親把這十張羊皮卷交給了海菲，海菲按照羊皮卷的指引一步步成了業務員，直到成為當地最偉大的企業家。

羊皮卷裡有一篇是海菲成功的核心祕笈。在最後，我就把這篇故事分享給大家 —— 我要用全身心的愛來迎接今天。

我的理論，你也許反對；我的言談，你也許懷疑；我的長相，你也許不喜歡；我的穿著，也許你不在意；甚至我廉價出的商品你都可能將信將疑，然而我的愛心一定能溫暖你，就像太陽的光芒能融化冰冷的凍土。我要用全世界的愛來迎接今天。我愛太陽，它溫暖我的身體；我愛雨水，它洗淨我的靈魂；我愛黑夜，它讓我看到星辰；我愛光明，它為

後記　一心一意等風來，一生一世共事業

我指引道路。我迎接快樂，它使我心胸開闊，我忍受悲傷，它昇華我的靈魂，我要用全身心的愛來迎接今天。

我要用全身心的愛來迎接今天。如果沒有愛，即使我博學多識，也終將失敗；如果有了愛，即使我才疏智淺，也終將以愛心獲得成功，我要讓愛成為我最大的武器，從今往後在我的血液裡面沒有恨，只有愛，理所當然的事越來越少，值得感恩的事越來越多。只有愛才能讓恐懼變得如螞蟻一般溫和。只要有愛就可以幫助我化解一切險阻，迎接一切困難，愛心才是這個世界上最偉大的武器，他可以拒絕我的一切，但他沒有辦法拒絕我發自內心的關懷和愛。

可見，這個世界上所有的力量都沒有愛的力量偉大。唯有愛心才能永恆，唯有愛心才能成就永恆的事業。當我們發自內心愛我們的使用者，使用者可以感受得到。我要在心裡默默地為他祝福，這種愛會流露在我的眼神裡，閃現在我的眉宇間。他的心胸向我開啟，他不再拒絕我推銷的產品，因為他感受到了我的關懷。所以愛是無與倫比的力量，這是伴隨我們前進最偉大的力量。

我希望我的事業在未來是一個充滿愛的地方，我們愛使用者，我們愛團隊，我們愛我們的產品，我們愛山草樹木。

其實，不是我成就了大家，是大家成就了我。因為大家，我們的夢想才可以起航。我發現，寫書和做事業是一樣的。在這裡，我要感謝各位編輯老師的幫助與支持，因為有你們，本書才得以順利問世。我深知，這只是一個小小的開始，未來，我們要幫助更多孩子，看見更清晰、更閃亮的世界！我深知，責任重大，使命必達！

無論前方的路途多麼荊棘滿布、坎坷泥濘，只要路對了，就不怕難和遠；一直走，必定能到達勝利的終點。

引爆消費者需求，八大獲客法顛覆你的市場思維：

從洞察需求到建立信任，征服消費者的心，提升企業競爭力

作　　　者：張賓
發 行 人：黃振庭
出　　　版：財經錢線文化事業有限公司
發 行 者：財經錢線文化事業有限公司
E-mail：sonbookservice@gmail.
　　　　　com
粉 絲 頁：https://www.facebook.
　　　　　com/sonbookss/
網　　　址：https://sonbook.net/
地　　　址：台北市中正區重慶南路一段
　　　　　61 號 8 樓
8F., No.61, Sec. 1, Chongqing S. Rd.,
Zhongzheng Dist., Taipei City 100, Taiwan

電　　　話：(02)2370-3310
傳　　　真：(02)2388-1990
印　　　刷：京峯數位服務有限公司
律師顧問：廣華律師事務所 張珮琦律師

定　　　價：299 元
發 行 日 期：2024 年 07 月第一版
◎本書以 POD 印製

國家圖書館出版品預行編目資料

引爆消費者需求，八大獲客法顛覆
你的市場思維：從洞察需求到建立
信任，征服消費者的心，提升企業
競爭力 / 張賓 著 . -- 第一版 . -- 臺
北市：財經錢線文化事業有限公司，
2024.07
面；　公分
POD 版
ISBN 978-957-680-918-7(平裝)
1.CST: 行銷策略 2.CST: 消費心理
學
496.5　　113009575

電子書購買

爽讀 APP

臉書